工业机器人技术专业系列规划教材

工业机器人仿真应用
——KUKA 机器人

主　编　鲍清岩　　毛海燕
副主编　湛年远　　刘足堂　　邢军华　　肖琴琴　　周　游
参　编　梁桂华　　郝建辉　　郑伟鹏　　吕文杰　　傅可坚

重庆大学出版社

内容提要

本书以 KUKA 工业机器人仿真软件 KUKA SIM Pro 为载体,并搭建工业机器人工作站的环境,进行工作站的仿真应用。本书共 7 个项目,通过项目式教学模式,对 TCP 标定、工件坐标系设定、搬运工作站、码垛工作站、机器人平面轨迹规划、机器人空间轨迹规划工作站、双机协作综合工作站进行详细讲解,项目中包含模型的编辑及导入、工作站的布局、工作站的创建、坐标系的创建、程序的编写、外围设备的添加、场景效果的设置、点位示教、IO 配置及应用等相关知识。通过对工业机器人仿真工作站的应用,可以让学习者全面认识机器人的工作流程。

本书为项目式一体化教材,适用于学习 KUKA 机器人基本操作的编程人员,可作为中、高等职业院校及成人高等学校工业机器人技术专业、电气自动化技术专业、机电一体化技术及相关专业的教学用书,也可作为本科院校机电及相关专业的实践选修课教材。

图书在版编目(CIP)数据

工业机器人仿真应用:KUKA 机器人／鲍清岩,毛海燕
主编. --重庆:重庆大学出版社,2018.9
ISBN 978-7-5689-1182-5

Ⅰ.①工… Ⅱ.①鲍… ②毛… Ⅲ.①工业机器人—
教材 Ⅳ.①TP242.2

中国版本图书馆 CIP 数据核字(2018)第 140827 号

工业机器人仿真应用——KUKA 机器人

主　编　鲍清岩　毛海燕
副主编　湛年远　刘足堂　邢军华　肖琴琴　周　游
参　编　梁桂华　郝建辉　郑伟鹏　吕文杰　傅可坚
策划编辑:周　立
责任编辑:陈　力　　版式设计:周　立
责任校对:刘志刚　　责任印制:张　策

*

重庆大学出版社出版发行
出版人:易树平
社址:重庆市沙坪坝区大学城西路 21 号
邮编:401331
电话:(023)88617190　88617185(中小学)
传真:(023)88617186　88617166
网址:http://www.cqup.com.cn
邮箱:fxk@ cqup.com.cn(营销中心)
全国新华书店经销
重庆升光电力印务有限公司印刷

*

开本:787mm×1092mm　1/16　印张:13.75　字数:328 千
2018 年 11 月第 1 版　　2018 年 11 月第 1 次印刷
印数:1—2 000
ISBN 978-7-5689-1182-5　定价:58.00 元

前　言

当前,我国机器人市场进入高速增长期,工业机器人连续五年成为全球第一大应用市场,其中,服务机器人需求潜力巨大,特种机器人应用场景显著扩展,核心零部件国产化进程不断加快,创新型企业大量涌现,部分技术已形成规模化产品,并在某些领域具有明显优势。

仿真技术是工业机器人研究领域中的一个重要部分。随着工业机器人研究的不断深入和工业机器人领域的不断发展,工业机器人仿真系统作为工业机器人应用研究过程中安全、灵活、方便的工具,发挥着越来越重要的作用。通过工业机器人仿真项目可以了解机器人的各种性能和特点,系统仿真结果可以为智能制造行业提供有效的参考数据。

为确保工业机器人编程简单安全,库卡提供了专门针对常用工业机器人应用领域的软件,该软件可通过脱机编程或直接通过库卡控制面板根据生产环境进行最佳适配。因此仅需几道编程步骤即可提高系统效率并开始进行加工。本书在习近平新时代中国特色社会主义思想指导下,落实"新工科"建设新要求,结合机器人生产应用的实际要求,针对机器人相关岗位典型工作任务所需的技能点进行分析,重构知识点,打破了传统理论教学与实践教学的界限,将知识点和技能点融入项目中。本书内容包括 TCP 标定、工件坐标系标定、搬运工作站、码垛工作站、机器人平面轨迹规划、机器人空间轨迹规划工作站、双机协作综合工作站 7 个项目,每个项目都按照项目提出、项目分析、必备知识、项目实施、知识拓展进行逐步讲解。项目实施则通过资讯,计划,决策,实施,检查,评估,讨论六步法进行讲解,以培养学习者良好的工作习惯和科学的思维方式,以期本书更适用于工学结合、项目引导的教学模式。

学习本书需要具备一定的工业机器人的基础知识,对工业机器人的生产应用有一定的了解,并具备一定的编程基础知识。本书将实际操作 KUKA 机器人的实操和理论基础知识结合起来,在仿真软件中验证并检查错误,同时运用 KUKA SIM Pro 仿真软件设计仿真以便深入理解机器人工业应用的发展意义。

本书可作为中、高等职业院校、成人高等学校工业机器人技术专业、电气自动化技术专业、机电一体化技术及相关专业的教学用书,也可作为本科院校机电及相关专业的实践选修课教材。

本书由深圳市华兴鼎盛科技有限公司鲍清岩、渭南技师学院毛海燕担任主编。广西电力职业技术学院湛年远,珠海技师学院刘足堂及深圳市华兴鼎盛科技有限公司邢军华、肖琴琴、周游担任副主编。在本书编写过程中,深圳市华兴鼎盛科技有限公司的工程师参与了本书的论证及编写,在此向他们表示感谢。为了使学习更有针对性,本书的案例结合了深圳市华兴鼎盛科技有限公司设计和生产的实训设备。

因编者水平所限，书中难免存在疏漏之处，在此我们恳请各位读者及专业人士提出宝贵意见与建议，以便今后不断对本书进行完善。

编　者

2018 年 1 月

目　录

项目一

TCP 标定

1　项目提出

本项目是根据实际工作站搭建出匹配的仿真模型工作站,同时配用 KR 10 R1100 型号 KUKA 机器人并装上规定的夹爪。对夹爪进行相关配置后进行编程,并对 TCP 标定进行仿真。

KUKA 机器人 TCP 标定如图 1.1 所示。

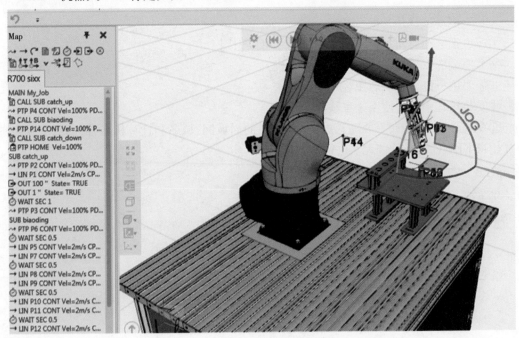

图 1.1　KUKA 机器人 TCP 标定

2 项目分析

本项目旨在运用 KUKA SIM Pro(工业机器人虚拟仿真软件)的基础功能,以 KUKA 机器人为主体进行模拟仿真,通过学习模型库导入、外部模型导入编辑、布局工作站、创建工具坐标系、重设模型等基础操作,最终学会 TCP 标定。

在进行操作时需注意下述两点。

①需要熟练掌握 SIM Pro 仿真软件的基础功能,同时熟悉外部模型导入的方法和编辑处理技巧。

②创建仿真工作站之前要进行合理规划,防止出现重新设置模型和重新编程的情况。

3 必备知识

3.1 SIM Pro 软件的安装

3.1.1 安装软件的 PC 配置要求

①WIN 7 64 位或 WIN 10 64 位系统。

②双核 CPU 及以上。

③内存最小 4 GB。

④具有 PhysX 支持的 NVIDIA 图形适配器(最小 1 GB)。

⑤支持 DirectX 9.0。

3.1.2 安装注意事项

①客户端必须要与主机在同一局域网才可以识别。

②客户端的数量最多为 15 个(包含主机)。

③需要主机许可才能启用客户端。

④安装过程中不能使用杀毒软件。

⑤在非必要情况下,不要随意更换 PC 所在的局域网、域名和计算机名称,随意更换可能导致用户 KEY 停用或软件无法进行初始化登录。

3.1.3 安装软件及网络许可的步骤

①下载 SIM Pro 安装包,如图 1.2 所示。

00265486;02;KUKA SIM PRO, V3.0;KU...	2016/8/5 13:15	WinRAR ZIP 压缩...	798,533 KB

图 1.2 安装包

②解压安装包,然后点开文件夹,解压后的安装包如图 1.3 所示。

00265486;02;KUKA SIM PRO, V3.0;KU...	2017/7/14 17:17	文件夹

图 1.3 解压后的安装包

③安装主体软件 KUKA SIM Pro,根据提示同意全部默认设置即可,如图 1.4 所示。

④安装登录软件 Vc License Server,根据提示同意全部默认设置即可,如图 1.5 所示。

Dependencies	2016/8/4 15:40	文件夹	
Packages	2016/8/4 15:40	文件夹	
CD.MD5	2016/8/4 15:21	MD5 文件	1 KB
KUKA SIM PRO_V3.0.2_Build15.appcert	2016/8/4 15:20	APPCERT 文件	25 KB
KUKA_Sim_30_Installation_de.pdf	2016/8/4 15:15	PDF 文件	3,070 KB
KUKA_Sim_30_Installation_en.pdf	2016/8/4 15:15	PDF 文件	2,815 KB
Release Notes - KUKA.Sim Pro 3.0.txt	2016/8/4 15:15	文本文档	2 KB
SetupKUKASimPro_302.exe	2016/8/4 15:15	应用程序	197,864 KB
SetupVcLicenseServer_202.exe	2016/8/4 15:15	应用程序	10,882 KB
Version.ini	2016/8/4 15:16	配置设置	1 KB

图 1.4　安装 KUKA SIM Pro

Dependencies	2016/8/4 15:40	文件夹	
Packages	2016/8/4 15:40	文件夹	
CD.MD5	2016/8/4 15:21	MD5 文件	1 KB
KUKA SIM PRO_V3.0.2_Build15.appcert	2016/8/4 15:20	APPCERT 文件	25 KB
KUKA_Sim_30_Installation_de.pdf	2016/8/4 15:15	PDF 文件	3,070 KB
KUKA_Sim_30_Installation_en.pdf	2016/8/4 15:15	PDF 文件	2,815 KB
Release Notes - KUKA.Sim Pro 3.0.txt	2016/8/4 15:15	文本文档	2 KB
SetupKUKASimPro_302.exe	2016/8/4 15:15	应用程序	197,864 KB
SetupVcLicenseServer_202.exe	2016/8/4 15:15	应用程序	10,882 KB
Version.ini	2016/8/4 15:16	配置设置	1 KB

图 1.5　安装 VcLicenseServer

⑤在 PC 端单击"开始"→"所有程序",并在其中找到 Visual Components License Server 登录软件,如图 1.6 所示。

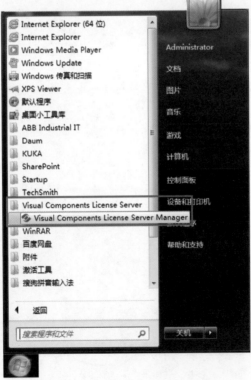

图 1.6　打开 Visual Components License Server

⑥打开软件后在界面上部主菜单中单击"Add...",添加产品秘钥,如图 1.7 所示。

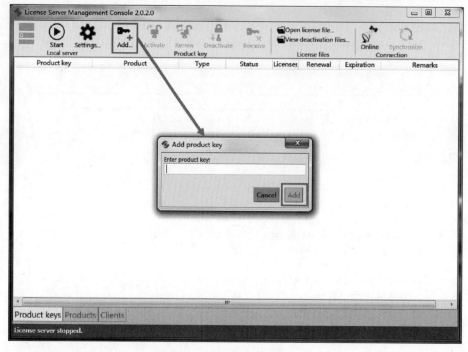

图 1.7　添加产品秘钥

⑦添加完产品秘钥之后会弹出秘钥信息,包含使用起止时间等,此时单击"Activate",激活秘钥,如图 1.8 所示。

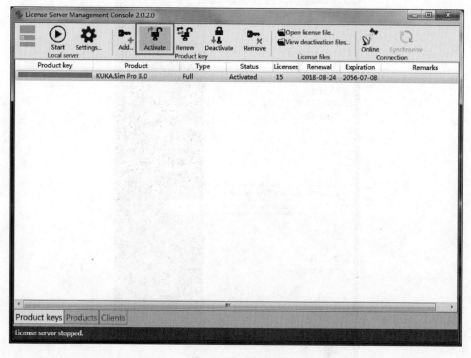

图 1.8　激活秘钥

⑧激活秘钥之后，单击"Settings…"查看主机名和设置密码，如图 1.9 所示。

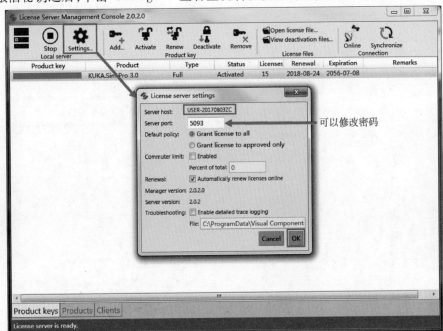

图 1.9　查看主机名和设置密码

⑨接下来再回到桌面双击图标打开 KUKA SIM Pro 软件，如图 1.10 所示。

⑩打开软件之后根据提示选择第二项——网络许可，如图 1.11 所示。

图 1.10　软件图标

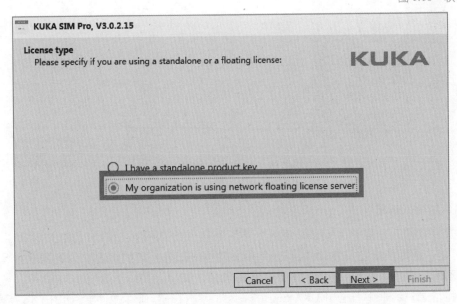

图 1.11　选择使用网络许可

⑪在第一项填入之前查看的主机名或主机 IP 地址，根据主机决定，如图 1.12 所示。

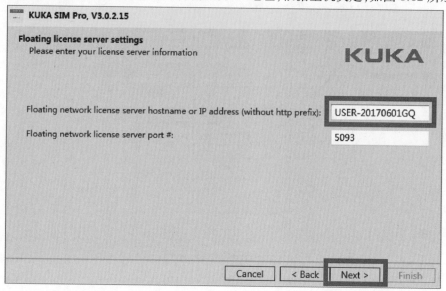

图 1.12　输入主机名及密码

⑫完成设置，单击"Finish"开始使用，如图 1.13 所示。

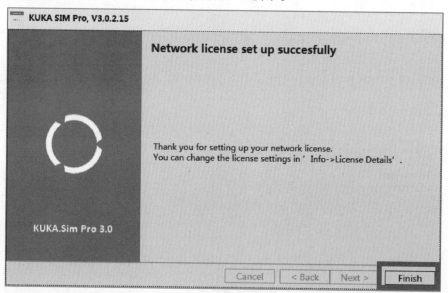

图 1.13　安装许可成功

3.1.4　常见问题

在安装软件的过程中，由于 PC 系统版本不兼容、软件冲突或者没有及时关闭杀毒软件等原因，可能造成即使成功安装软件，目录库的文件也会部分丢失的情况。若遇到此种状况，并且用户不希望更换系统，可按照下述方式解决问题。

①在目录对话框中右击"KUKA Sim Library 3.0"，打开其所在文件夹，如图 1.14 所示。

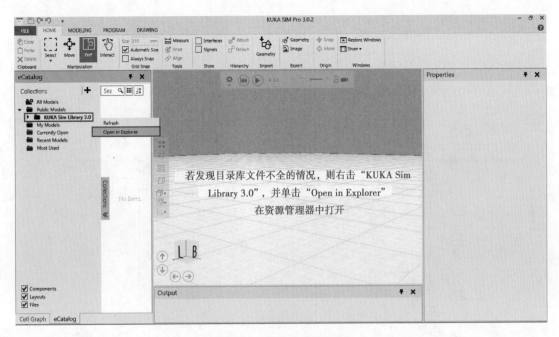

图 1.14　右击打开文件夹

②在其他计算机上安装获取完整的目录库文件,然后将其复制,覆盖到当前 PC 的文件目录下,之后重启软件即可,如图 1.15 所示。

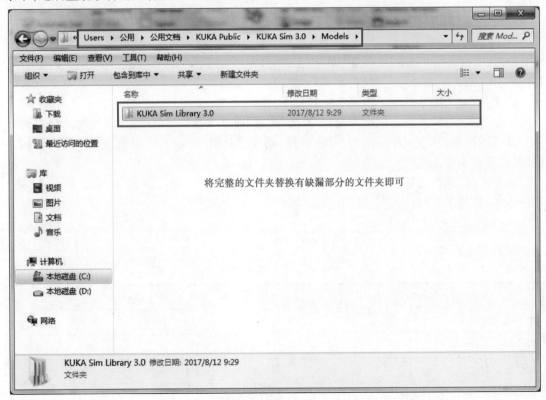

图 1.15　覆盖当前有缺漏部分的文件夹

3.2 SIM Pro 界面及操作

3.2.1 关于界面的认识

图 1.16 所示为 KUKA SIM Pro 软件的界面区域划分。

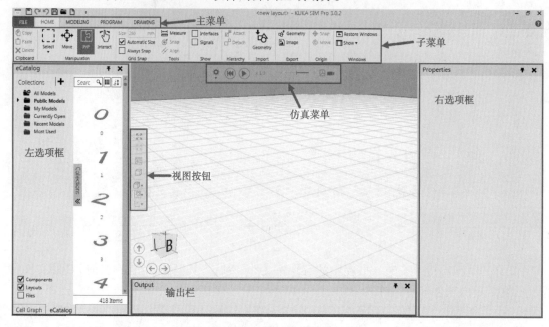

图 1.16 SIM Pro 界面区域划分

①主菜单：FILE（文件）、HOME（本地）、MODELING（模型）、PROGRAM（程序）、DRAWING（绘图）。

②子菜单：为主菜单的下级菜单中的具体功能。

③仿真菜单：从左到右依次为设置、复位、播放、速度条、PDF 动画输出和视频录制。

④视图按钮：从上到下依次为全局、聚焦、明/暗切换、平面/立体切换、渲染模式、坐标系选项、位置框架显示选项。

⑤输出栏：输出报错、系统参数和程序位置等信息。

⑥左/右选项框：现实菜单及功能对画框。

3.2.2 关于鼠标的基本操作

鼠标基本操作见表 1.1。

表 1.1 鼠标基本操作

鼠标操作	操作效果
单击鼠标左键	选定
按住鼠标左键	在场景中拖曳物体
按住鼠标右键	围绕场景中心旋转
鼠标中键（滚轮）/Shift+鼠标右键	场景放大缩小
同时按住鼠标左键+鼠标右键	场景平移

4 项目实施

4.1 资讯

本项目中所涉及的关于实际 KUKA 机器人的相关运动指令示教方法、指令参数及其运动原理等,详见《工业机器人基础编程与调试——KUKA 机器人》。

4.2 计划、决策

检查工作软硬件条件是否符合要求,安装软件时是否有出现目录文件丢失的情况。在条件完备的前提下,按照实施步骤独立完成:

①在正方体上示教运动指令来熟悉 SIM Pro 的基础功能和操作方法。

②熟悉模型的移动和控制方式。

③完成项目过程中需要掌握以下知识点:

a.SIM Pro 软件安装方法。

b.鼠标操作。

c.模型导入及设定位置。

d.创建工具坐标。

e.Snap 捕捉功能用法。

f.运动指令示教。

g.创建子程序。

h.外部工具导入与配置方法。

4.3 实施

4.3.1 新建项目导入模型

①根据图 1.17 所示步骤,将 KR 6 R700 型号机器人导入场景中。

②根据图 1.18 所示步骤,将 TCP 标定模块的三维模型导入场景中。

4.3.2 模型编辑安装

A.单击选定模型,选择"Move"移动功能,选择绕 Y 轴旋转的功能线,逆时针拖动使工作台模型成正立状态,如图 1.19 所示。

B.单击 TCP 标定台,用户可发现此时 TCP 标定台模型的原点并不在模型内部或者模型边缘。这种情况下模型难以调整和安装,故用户应先对其原点位置进行重设。

a.单击选定模型,单击选择序号②"Snap",如图 1.20 所示。

b.选择两点法,并分别选择下方两块底板的侧面中心点,如图 1.21 所示。

c.单击"Apply"进行生成,原点即在序号②所示的中间点位置重新生成,如图 1.22 与图 1.23 所示。

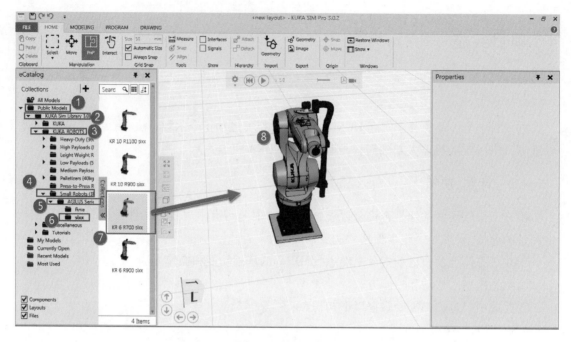

图 1.17　导入机器人

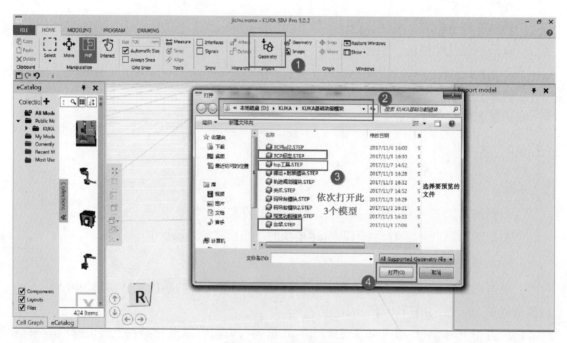

图 1.18　导入设备模型

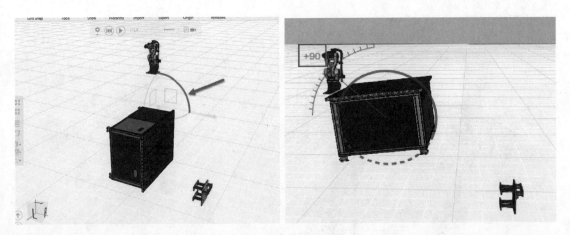

图 1.19 调整设备

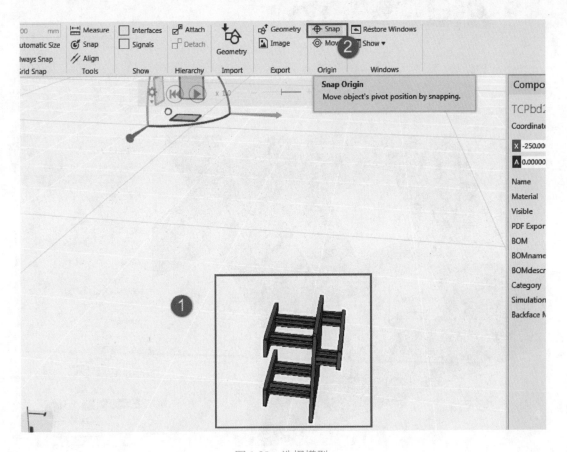

图 1.20 选择模型

用同样的方法将 TCP 工具模型的原点也进行重定义，如图 1.24 所示。

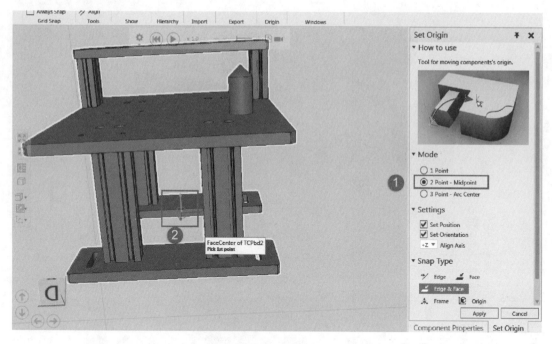

图 1.21　两点法

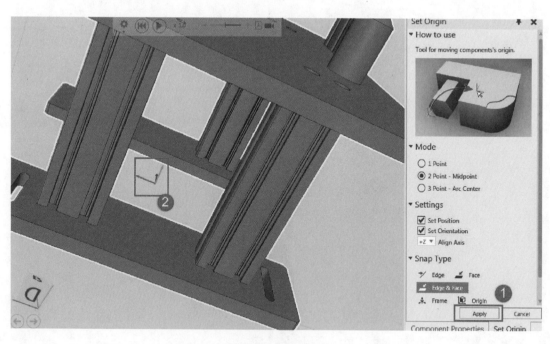

图 1.22　添加

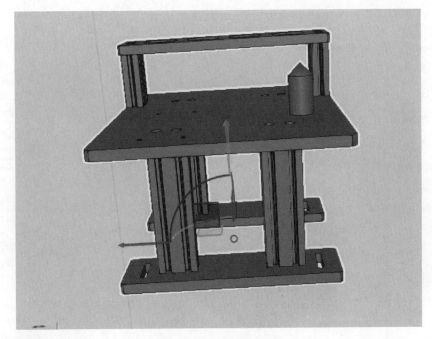

图 1.23　生成原点

图 1.24　重定义尖顶工具

C.以同样的方式将 TCP 标定台也调整至正立状态并移动至台架上方,如图 1.25 所示。

D.单击选择序号①处的"Snap",选择序号②一点法,然后将序号③处勾选取消。选择桌面上合适的点对已透明的模型进行安装。用同样的方法,将机器人和 TCP 工具也安装在台架的合适位置,如图 1.26、图 1.27 所示。

E.单击切换至"MODELING"界面,选择序号②"Tools"、序号③"Assign",调出颜色工具对模型进行颜色编辑,如图 1.28 所示。

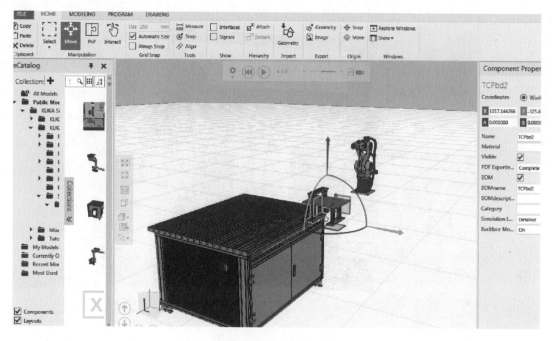

图 1.25　移动标定台模块

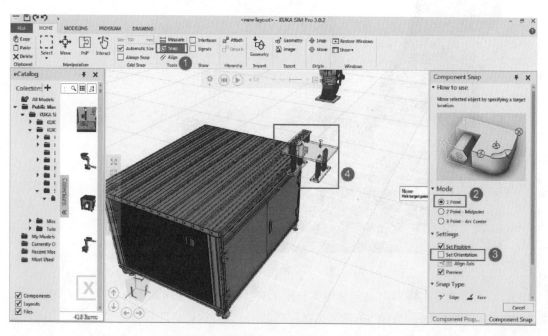

图 1.26　定点放置

　　F.单击选择需要的颜色,然后单击选择模型的结构部分,直接进行颜色覆盖。勾选序号③"Pick"吸取并使用场景中的颜色,勾选序号④"Clear"清除选择部分的颜色,如图 1.29所示。

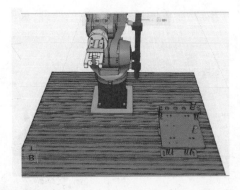

图 1.27 放置标定台与机器人

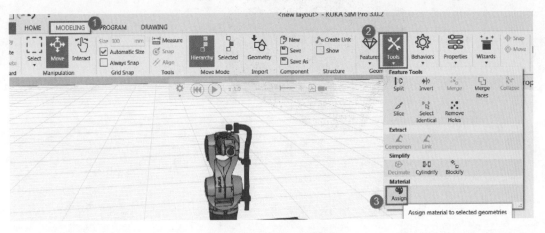

图 1.28 调出色彩盘

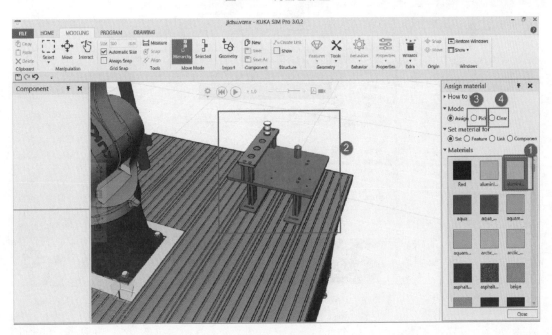

图 1.29 染色处理

G.对需要涂色的模型进行涂色处理,如图 1.30 所示。

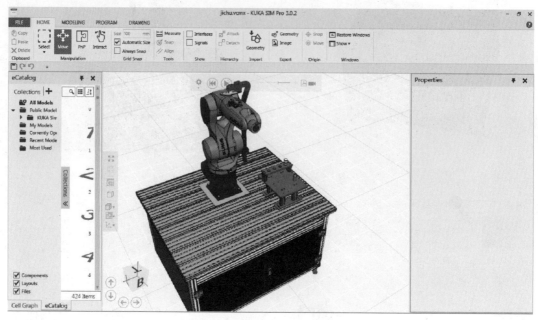

图 1.30　染色处理完成

4.3.3　工具配置

(1)导入夹爪工具,如图 1.31 所示。

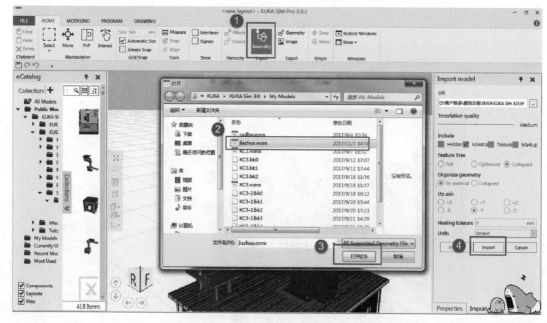

图 1.31　导入夹爪

(2)用户可以发现夹爪的原点不在法兰的中心处,为了方便后续的安装,可以进行重设原点:分别选择序号①处的"Snap"、序号②处的一点法、序号③处的方向,然后左键单击选择序号④处的法兰中心点，最后单击序号⑤处的"Apply"进行生成，如图 1.32、图 1.33 所示。

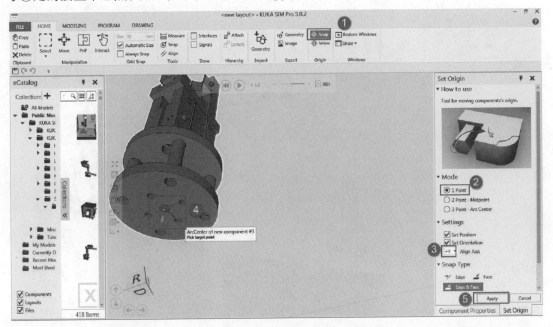

图 1.32　重设原点 1

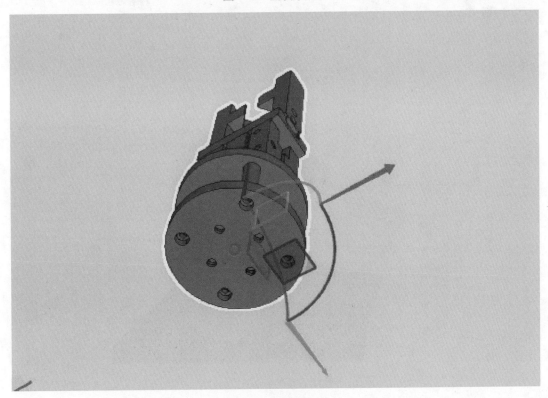

图 1.33　重设原点 2

（3）将夹爪的外部颜色进行更改，如图 1.34 所示。

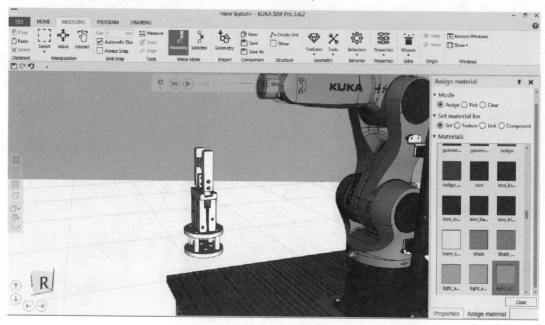

图 1.34　颜色渲染

（4）单击选定夹爪模型，单击序号②"Attach"，选择弹出菜单中的"KR 6 R700 sixA6"，即将夹爪装在机器人第六轴上，如图 1.35 所示。

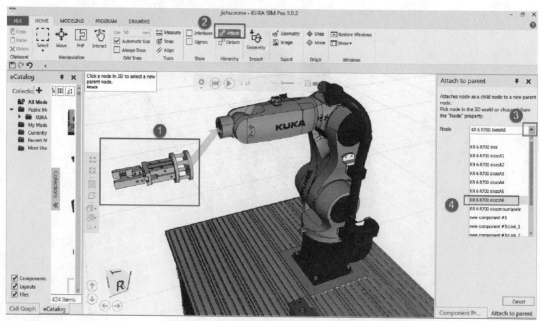

图 1.35　连接夹爪与第六轴

（5）依次单击序号①处"Snap"，序号②处"1 Point"，在序号③处选择夹爪安装的正方向，鼠标左键单击机器人第六轴法兰盘中心，如序号④所示，具体如图 1.36 所示。

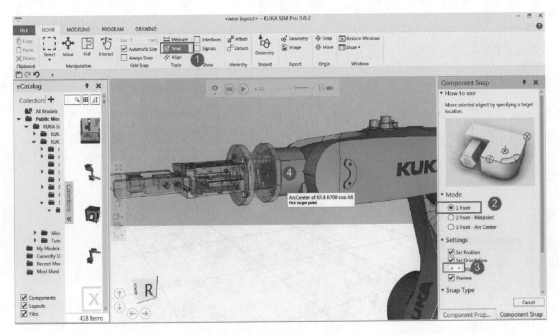

图 1.36　定点安装夹爪

（6）左键单击选择部件，然后选择"MODELING"（模型）。单击序号③处的"Collapsed0"（几何部件），并单击右键打开菜单，选择序号④"Explode"（分解），如图 1.37 所示。

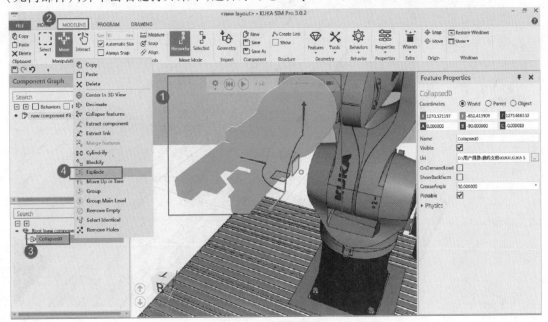

图 1.37　分解夹爪

（7）等待分解完成，可以发现此时模型已经被分解成了零散的部分，如图 1.38 所示。

（8）按住"Ctrl"键+左键选择右侧夹爪装配部件，分别如图 1.39 中①、②、③处所示。

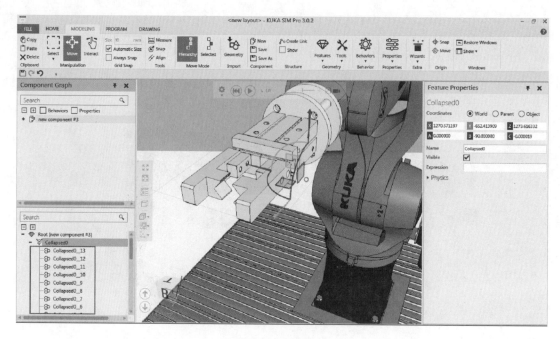

图 1.38　分解夹爪

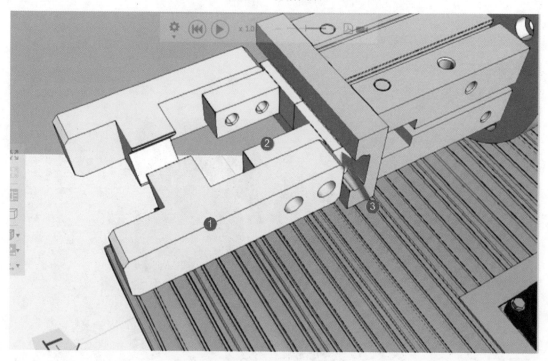

图 1.39　选定右侧活动部分

（9）右键单击选中的部件，选择弹出菜单中的"Merge features"（合并功能），如图 1.40 所示。

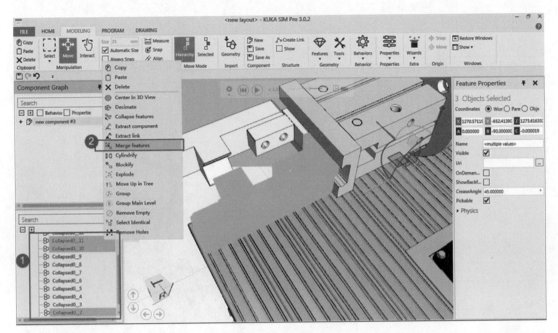

图 1.40　合并选定部分

（10）合并后生成一个部件，右键单击该部件，选择弹出菜单中的"Extrack link"（分离组件），如图 1.41 所示。

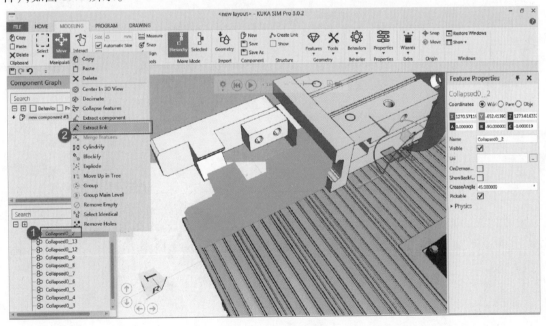

图 1.41　添加成组件

（11）分离后右侧夹爪组件如图中序号①所示组件"Link_1"，单击②勾选"Behaviors"（动作），如图 1.42 所示。

（12）将左侧的夹爪装配部分以同样的步骤进行分离得到"Link_2"组件，如图 1.43 所示。

（13）单击选定序号①处"Link_1"组件，找到右侧参数规格栏中序号②处"Joint Type"（加

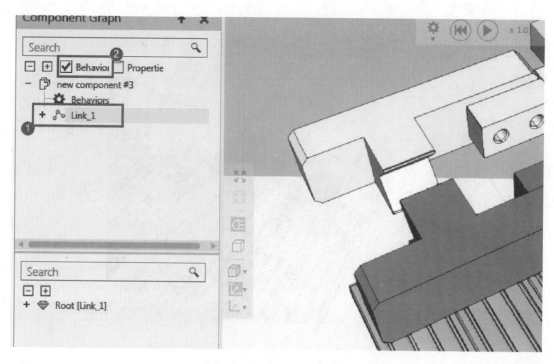

图 1.42 勾选 "Behaviors"

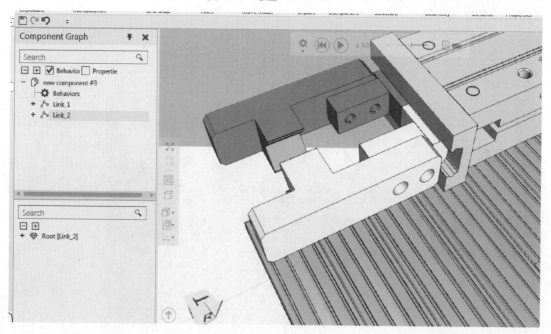

图 1.43 添加左侧组件

入类型)的下拉菜单,选择下拉菜单中的③"Translational"(平移),如图 1.44 所示。

(14)在平移类型的参数设置页面(图 1.45)中,在序号①处将本组件进行重命名,选择序号②处的下拉菜单,选择序号③处"New Servo Controller"(新伺服控制)选项。

(15)在序号①处选择"+Z"方向作为正方向,在序号②处设置动作范围为 0~5,单击序号

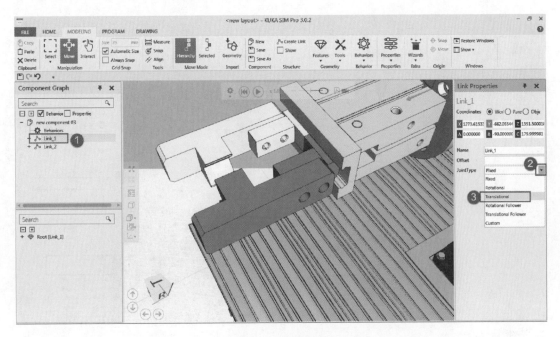

图 1.44　配置组件

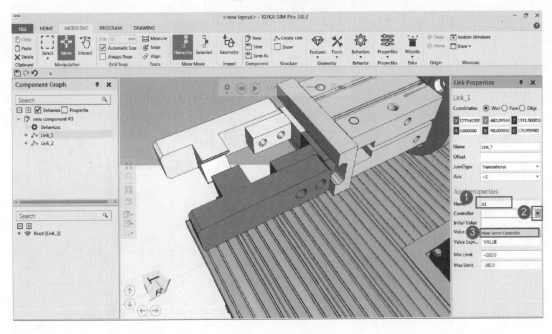

图 1.45　配置组件

③处"Snap"进行方向选择,如图 1.46 所示。

(16)选择序号①处"Selected",序号②处的"1 Point"单点模式,选择序号③处以"+Z"为正方向,在序号④处所示面选取动作方向,如图 1.47 所示。

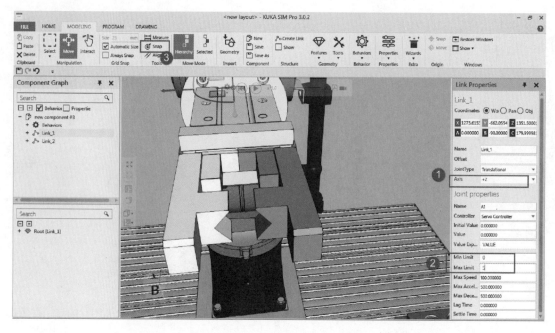

图 1.46　配置组件 1

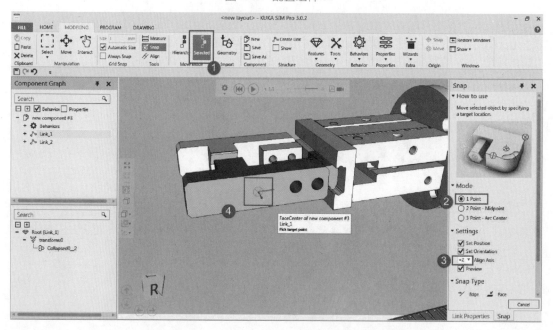

图 1.47　配置组件 2

（17）选择"Link_2"，单击序号②"Joint Type"下拉菜单，选择③处"Translational Follower"，如图 1.48 所示。

（18）在红色框处选择"A1"，即之前命名的右侧夹爪，此选项使 Link_2 组件跟随 Link_1 组件动作，如图 1.49 所示。

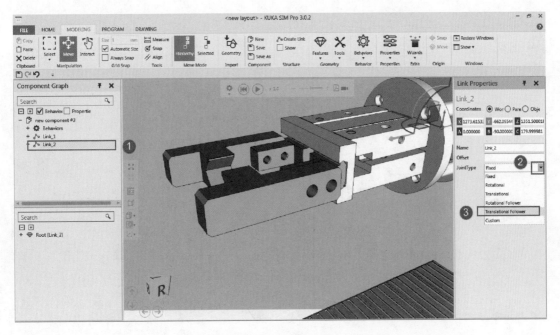

图 1.48 配置组件 3

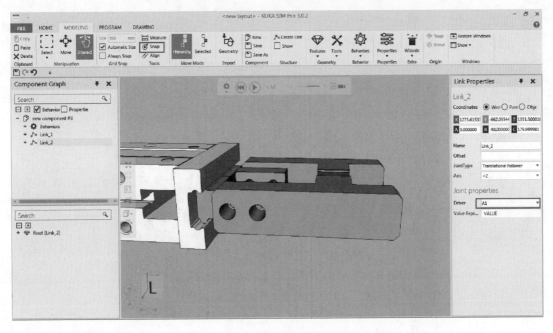

图 1.49 配置组件 4

（19）选择序号①处"Selected"，序号②处的"1 Point"单点模式，选择序号③处以"+Z"为正方向，在序号④处所示面选取动作方向。动作选取完成后，夹爪组件即配置完成，如图 1.50所示。

（20）选择序号①处"PROGRAM"，然后将序号②处的"Stop at limits"勾选，如图 1.51所示。

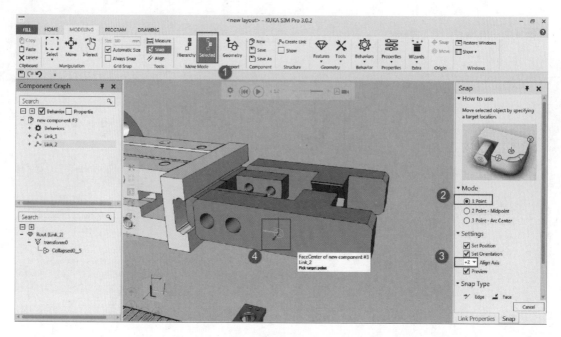

图 1.50　配置组件 5

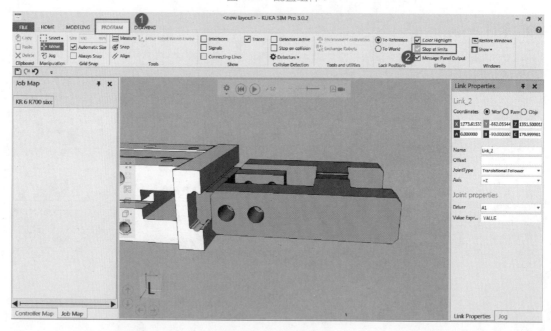

图 1.51　配置组件 6

（21）单击序号①整个夹爪，然后选择"MODELING""Wizards"下拉菜单中的"End Effector"，如图 1.52 所示。

（22）单击下拉菜单，选择"IO"选项，单击下方"Apply"选项进行添加，如图 1.53 所示。

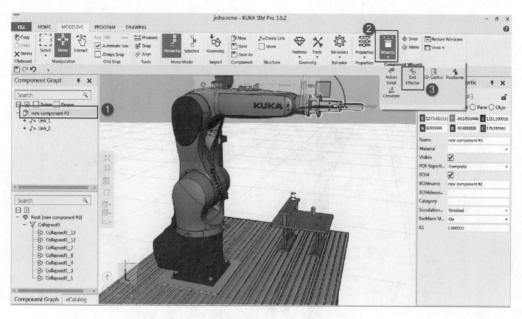

图 1.52 添加信号

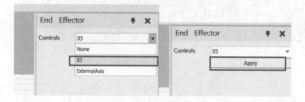

图 1.53 添加 IO 信号

（23）单击"HOME"选项，勾选序号②处"Signals"选项，将序号③处所示的信号调用出来，如图 1.54 所示。

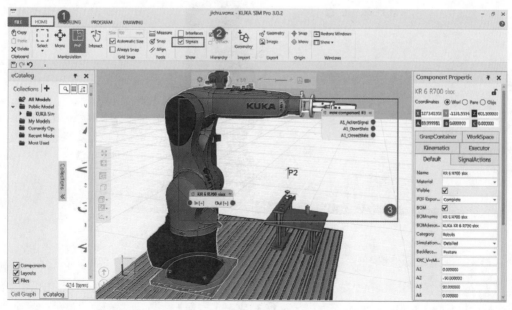

图 1.54 调出信号

（24）左键单击序号①处红点，按住不放引至序号②处红点，形成连线。单击序号③处编辑按钮，对该条信号连接进行编号，在序号④处输入数值"100"，选择序号⑤处"100：Out"，单击序号⑥"Change"进行确定，如图 1.55 所示。

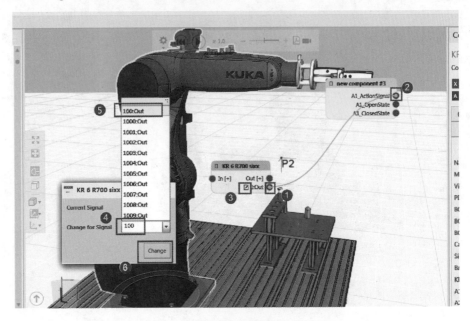

图 1.55　配置信号

（25）按上述步骤，按图 1.56 所示进行其余两条信号线连接配置，夹爪工具即配置完成。

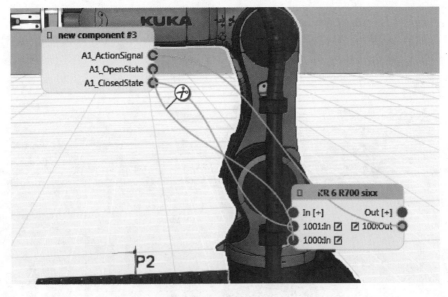

图 1.56　配置信号

4.3.4　创建工具坐标系

（1）依次选择"PROGRAM""Jog"，在右侧"Jog"菜单栏中选择序号③处所示的工具坐标系 1"TOOL_DATA[1]"，然后单击序号④处的按钮对工具坐标系 1 进行编辑，如图 1.57 所示。

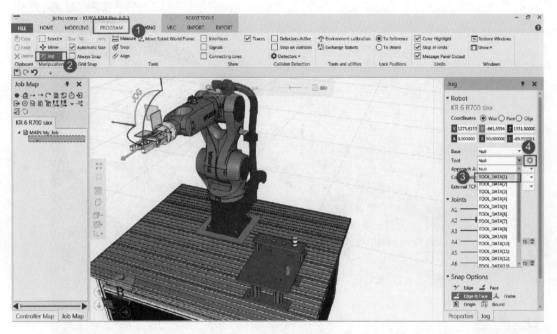

图 1.57　编辑第一工具坐标系

（2）单击"Snap"，选择序号②处两点法，选择夹爪夹取部位最外边侧的两个点，如图 1.58 所示。

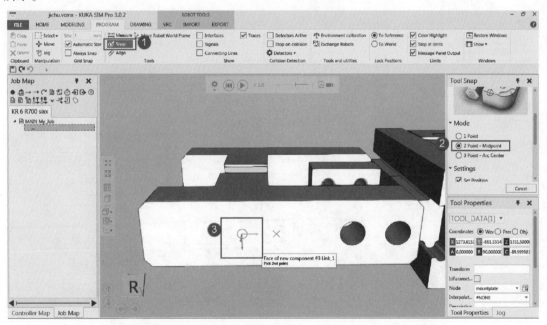

图 1.58　配置第一工具坐标系

（3）如图 1.59 所示，工具坐标系 1 创建成功。

（4）将当前坐标系切换为工具坐标系 2，单击序号②处设置按钮，如图 1.60 所示。

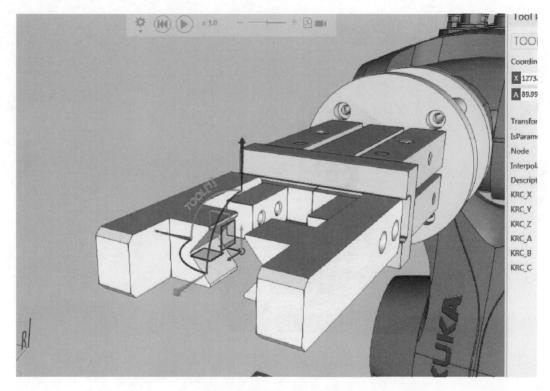

图 1.59　第一工具坐标系配置完成

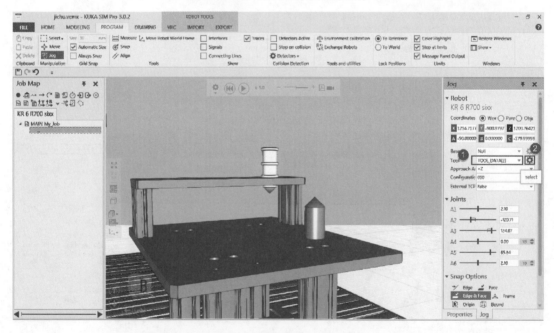

图 1.60　切换第二工具坐标系

（5）单击"Snap""1 Point"，然后选择尖顶工具的尖点，如图 1.61 所示。

（6）单击右下侧"Jog"确定，工具坐标系 2 创建成功，如图 1.62 所示。

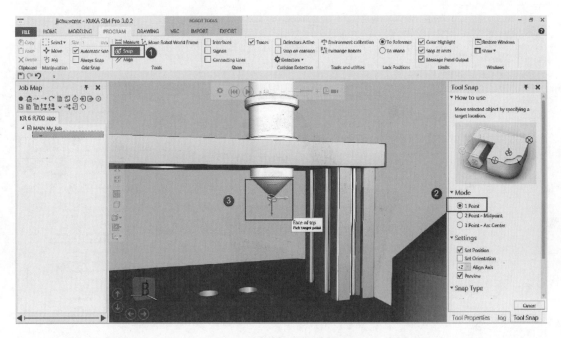

图 1.61　配置第二工具坐标系

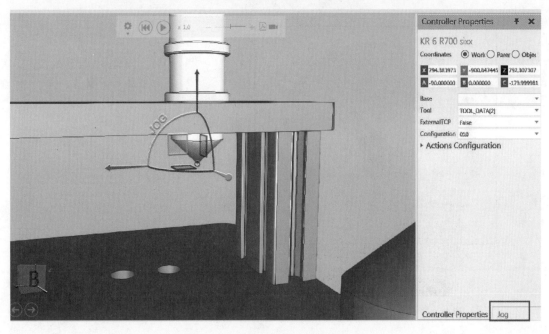

图 1.62　配置第二工具坐标系完成

（7）单击选定机器人，然后选择右侧属性栏中的"WorkSpace"来查看机器人工作范围，如图 1.63 所示。

（8）单击勾选序号①处"Envelope"将机器人工作范围显示出来，对机器人和 TCP 标定模块进行调整，使机器人工作的空间能覆盖本项目的运动轨迹，如图 1.64 所示。

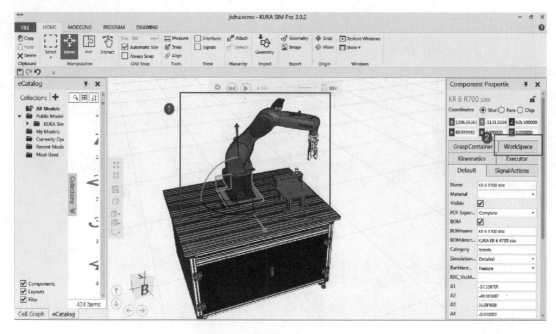

图 1.63　查看机器人工作范围

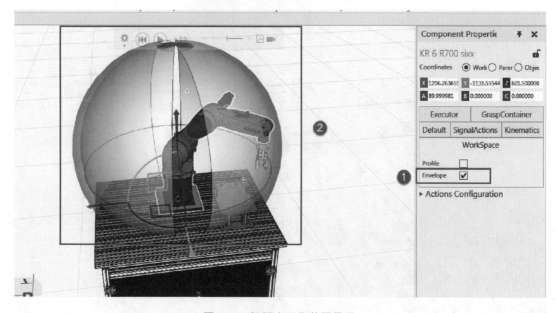

图 1.64　机器人工作范围显示

4.3.5　运动示教与指令编辑

（1）按住夹爪一侧不放向外侧拖动，将夹爪置为打开状态，如图 1.65 所示。

（2）单击序号①处按钮，在下拉菜单中选择序号②处"Save State"，此操作可保存当前状态为初始状态，如图 1.66 所示。

（3）将当前工具坐标系切换为工具坐标系 1，单击"Snap"，工具编程呈透明状态，如图 1.67 所示。

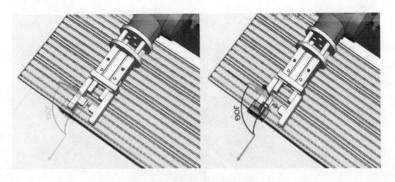

图 1.65　夹爪置为打开状态

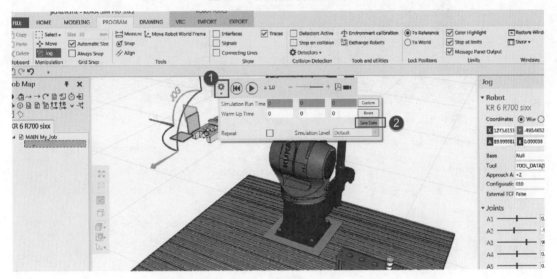

图 1.66　保存初始状态

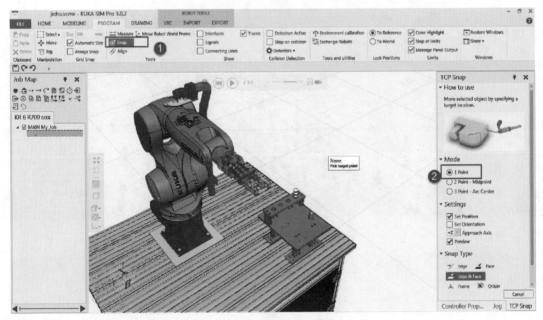

图 1.67　开启捕捉模式

（4）单击选择 TCP 夹取位置的中心点，如图 1.68 所示。

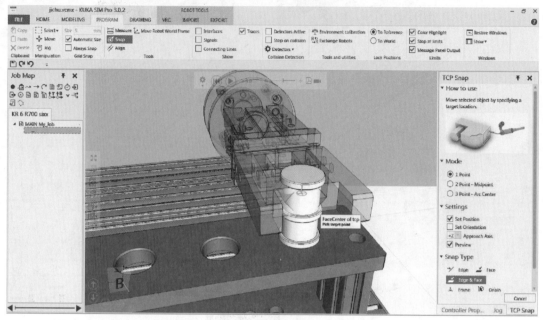

图 1.68　捕捉尖顶工具

（5）调整角度至竖直夹取的姿势，如图 1.69 所示。

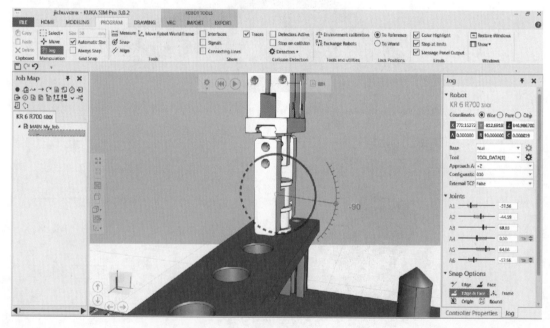

图 1.69　调整姿势

（6）在程序编辑栏中单击序号①处的添加直线指令按钮，添加到抓取点的直线指令，如图 1.70 所示。

（7）拖动坐标系的 Z 轴使夹爪向上移动至如图 1.71 所示位置，单击序号①处添加 PTP 指令按钮，添加到过渡点的 PTP 指令。

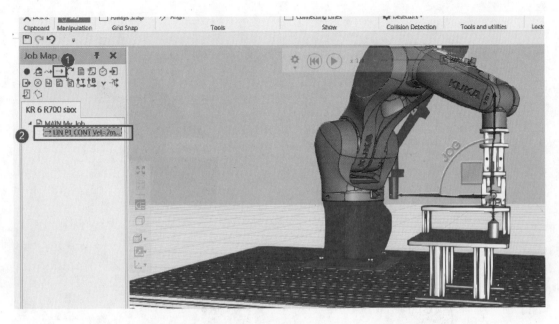

图 1.70　添加指令

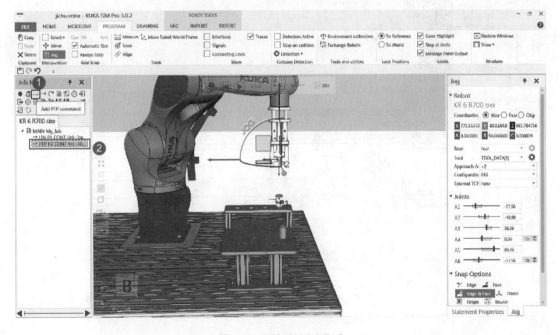

图 1.71　添加接近点指令

（8）左键单击 P2 点指令，按住不放向上拖动至 P1 点指令之前，如图 1.72 所示。

（9）单击 P1 点程序，机器人来到 P1 点，单击序号①处调出信号连接模块；单击序号②处所示的逻辑信号输出指令按钮，添加两个输出信号，根据之前设置的 IO 信号情况，将第二条信号编号改为"100"，如图 1.73 所示。

（10）单击序号①处时间等待按钮，添加时间等待指令，单击指令，在右侧的属性栏中将等待时间修改为"1"，如图 1.74 所示。

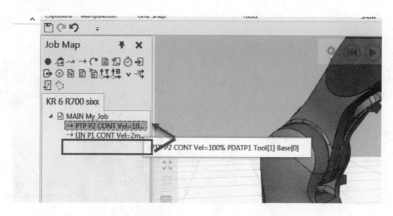

图 1.72　移动指令

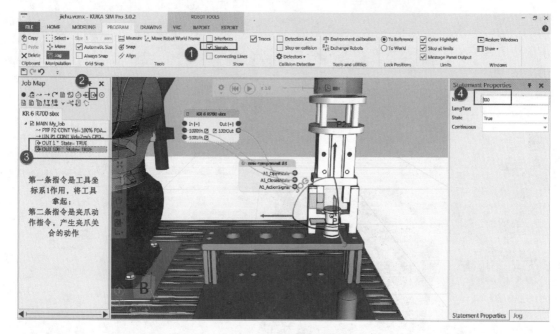

图 1.73　添加逻辑信号

（11）单击 P2 点指令，并单击右键进行复制，然后单击最后一条指令，并单击右键进行粘贴。将 P2 点指令复制到程序最后，如图 1.75、图 1.76 所示。

（12）单击序号①处按钮，回到初始状态，然后单击运行按钮运行程序，使夹爪将尖顶工具夹起来，如图 1.77 所示。

（13）调整机器人姿态至图中序号①处，单击序号②添加 PTP 指令，如图 1.78 所示。

（14）将当前工具坐标系切换为第二工具坐标系，然后单击"Snap"，选择"1 Point"，左键选定序号②处标定台上的标定顶点，如图 1.79 所示。

（15）添加到此点的直线运动指令，如图 1.80 所示。

（16）向上拖动坐标系至如图 1.81 所示位置，添加至此点的直线运动指令。然后将此条指令移动至 P5 点指令之前。

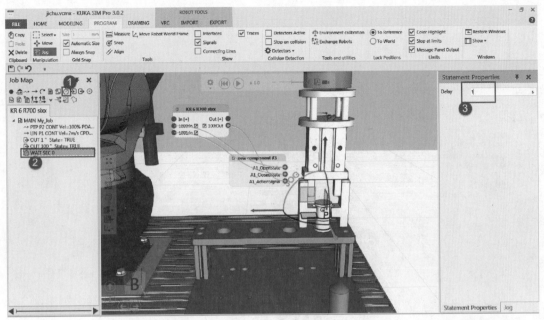

图 1.74　添加时间等待

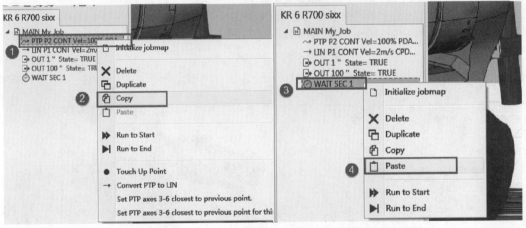

图 1.75　复制指令

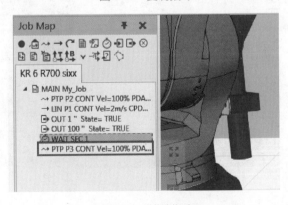

图 1.76　粘贴指令

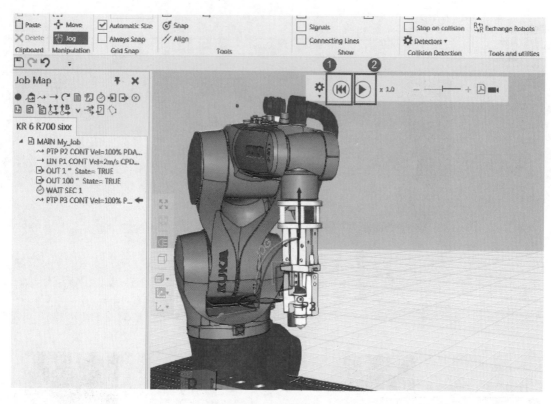

图 1.77　运行程序

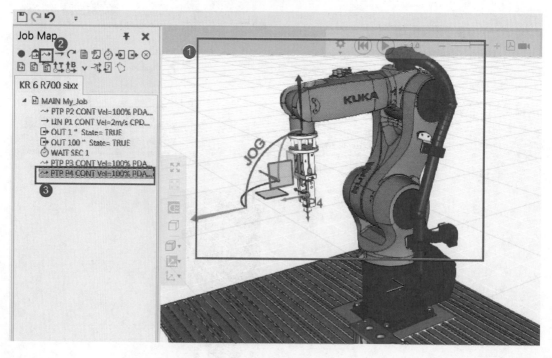

图 1.78　调整姿态

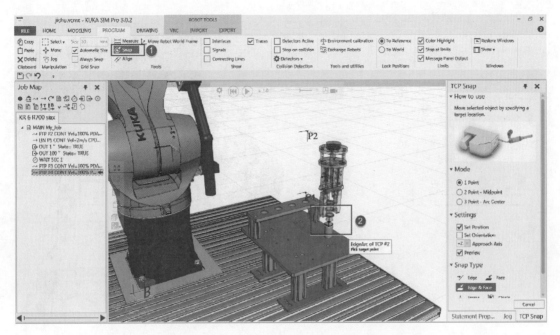

图 1.79　捕捉顶点

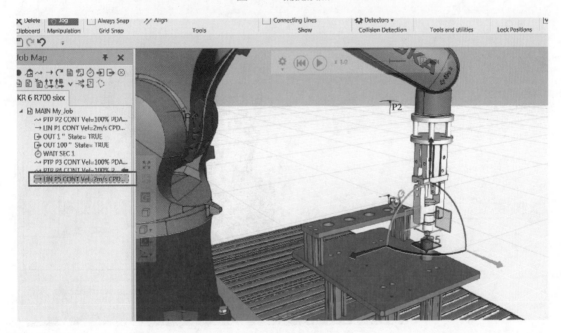

图 1.80　添加指令

(17)将机器人调整至如图 1.82 所示姿态并添加至此位置的直线运动指令(左倾斜)。

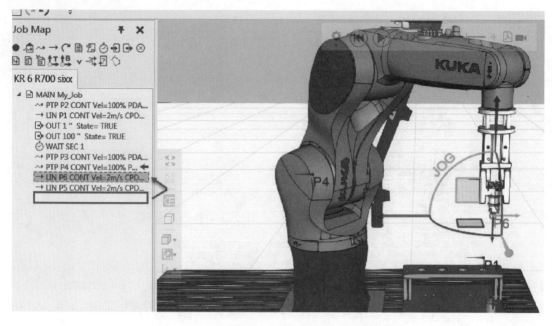

图 1.81　移动指令

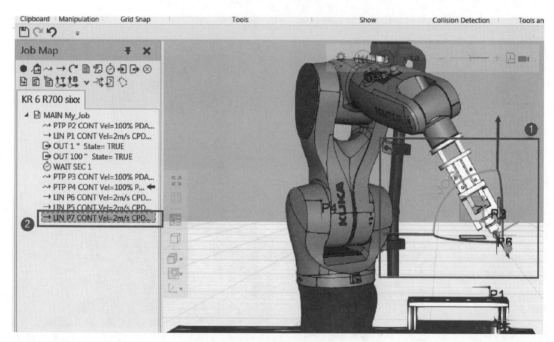

图 1.82　调整姿态

（18）单击"Snap"并选定标定台上的标定顶点，如图 1.83 所示。

（19）添加到此点的直线运动指令，如图 1.84 所示。

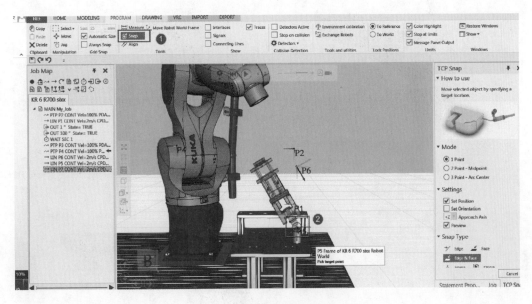

图 1.83　捕捉顶点

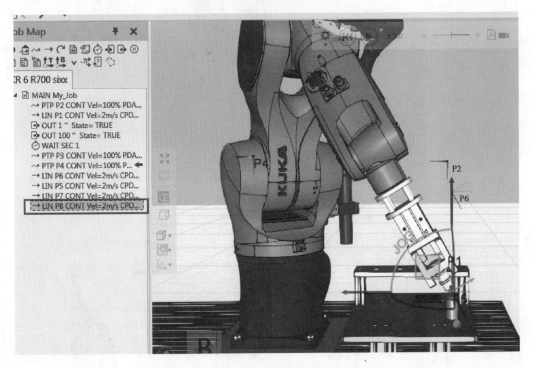

图 1.84　添加指令

（20）根据前面一种姿态的程序编辑，依次添加另外两种姿态的标定程序（右倾斜、后倾斜），如图 1.85 所示。整体程序展示如图 1.86 所示。

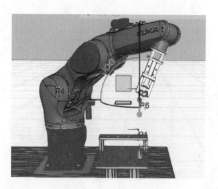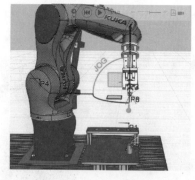

图 1.85　右倾斜和后倾斜姿态

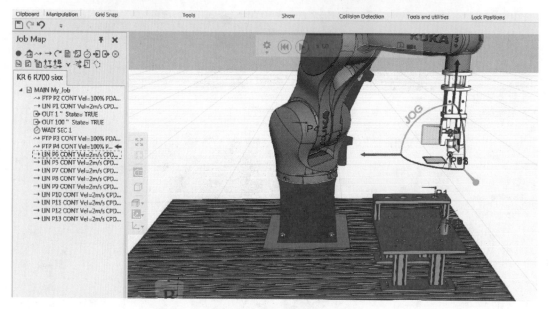

图 1.86　整体程序展示

（21）为了让整个运动看起来更加流畅和协调,用户需要对程序进行一些修改,如图 1.87 所示。

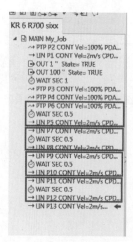

图 1.87　修改标定程序

（22）复制 P4 点程序，并粘贴于程序最后，如图 1.88、图 1.89 所示。

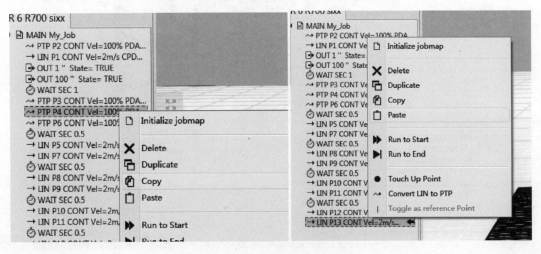

图 1.88　复制程序

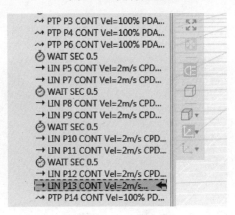

图 1.89　粘贴程序

（23）复制抓取尖顶工具的点位，如图 1.90 所示。

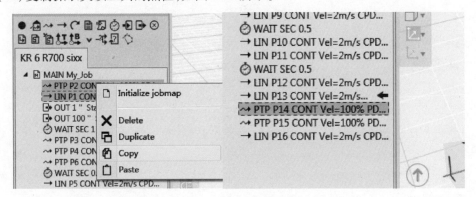

图 1.90　复制粘贴程序

（24）添加工具坐标系 1 作为停止与夹爪张开的逻辑信号，如图 1.91 所示。

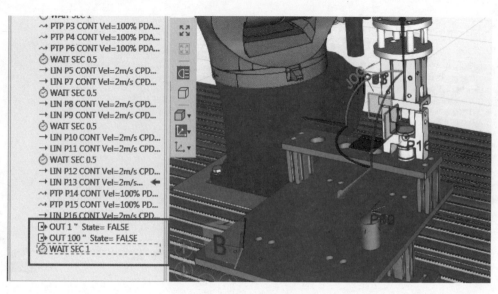

图 1.91　添加逻辑指令

（25）复制放置接近点指令（P15 点）置于程序最后，再添加回到原点的指令，如图 1.92 所示。

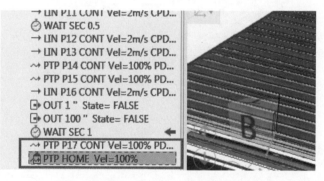

图 1.92　添加回到原点指令

4.3.6　创建子程序

根据本项目的工作流程，用户可以将整个程序分为 3 个部分，即抓取尖顶工具、TCP 标定程序、放置尖顶工具。

（1）单击序号①处添加子程序按钮，得到子程序如序号②处所示。单击子程序，在右侧属性栏中序号③处可进行重命名，如图 1.93 所示。

（2）找到程序中属于抓取尖顶工具部分的程序指令，拖动到子程序"catch_up"中，如图 1.94 所示。

（3）分别新建"TCP 标定程序"和"放置尖顶工具"的子程序，并将相应的程序指令拖动到其中，如图 1.95 所示。

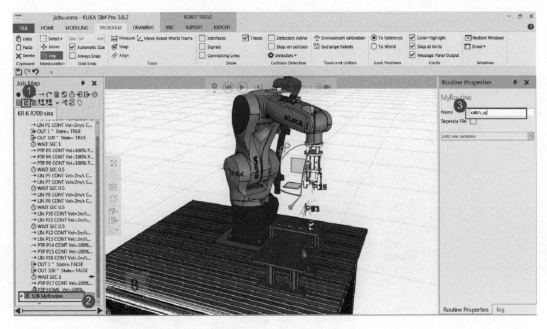

图 1.93　添加子程序

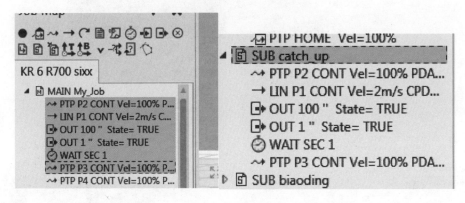

图 1.94　指令移动

（4）单击回到主程序,单击序号②处所示的添加调用子程序按钮,添加 3 个调用程序,如图 1.96 所示。

（5）单击第一个调用程序,在右侧属性栏中选择一个子程序,如图 1.97 所示。

（6）分别调用 3 个子程序,并按项目的流程插入主程序中,如图 1.98 所示。

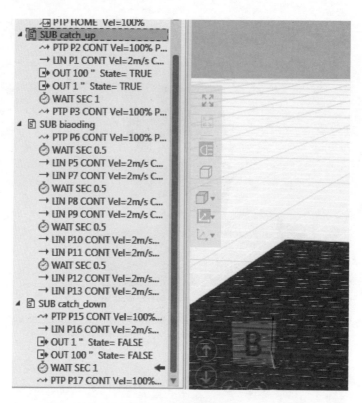

图 1.95　3 部分子程序

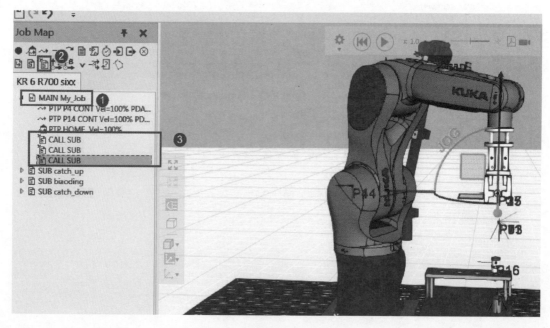

图 1.96　添加 3 个调用程序

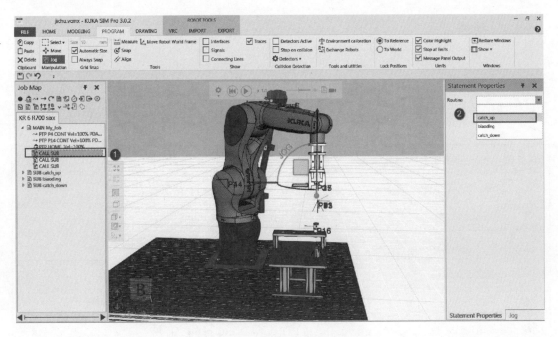

图 1.97　调用子程序

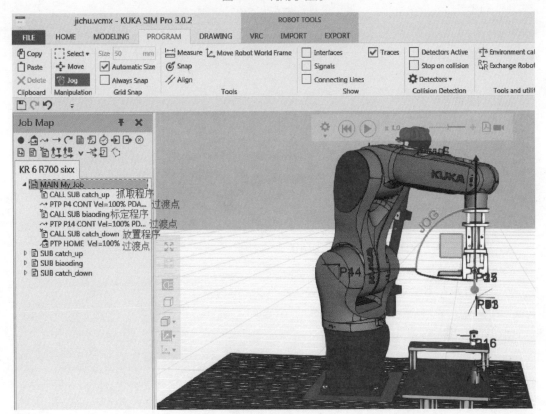

图 1.98　整体主程序

4.4 检查

在完成任务的前提下,参照表 1.2 进行要点检查,反思实施过程中涉及的需要掌握的知识点有哪些、是否达到了合格标准,总结在完成项目过程中遇到的问题并找出最后解决的方法,帮助加深记忆和总结经验。

表 1.2 要点检查

编号	需要掌握的知识点	合格标准
1	SIM Pro 软件安装方法	软件运行正常且目录库没有缺漏
2	鼠标操作	可以熟练操作软件
3	模型导入及设定位置	熟悉目录库文件的分类和各个分类的含义
4	创建工具坐标	常见的工具坐标在合适位置且可以用于示教指令
5	Snap 捕捉功能用法	熟练常用捕捉功能的设置
6	运动指令示教	熟悉 PTP、LINE、CIRC 指令的用法
7	创建子程序	熟练创建子程序的方法
8	外部工具配置方法	熟练配置夹爪的关合动作和重置尖顶工具的原点

4.5 评估

本项目是应用基础工作台的第一个任务,属于较为基础的项目之一。本项目要求学生学会软件的安装和常规问题的处理,在项目进行之初即需对软件有一个基本的认识和熟悉。综合评估本项目的可行性较高,符合项目制教学的要求。

4.6 讨论

①"MODELING"界面两个"Snap"在功能上有什么区别?

②项目中只导入 1 个模块会有什么问题?

③项目中还有哪些步骤可以精简?

5 知识拓展

5.1 保存标准工作站模型

(1)本项目完成后,单击"FILE",如图 1.99 所示。

(2)单击"Save As""Browse"选择另存的位置,如图 1.100 所示。

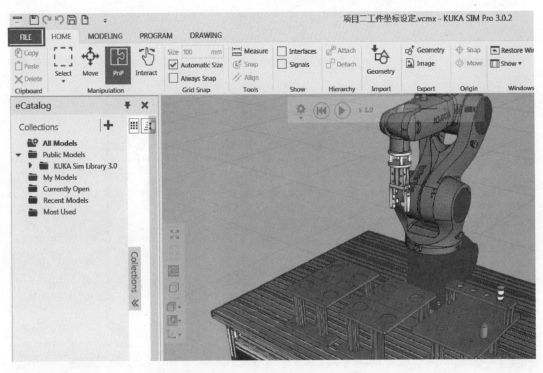

图 1.99 打开文件选项

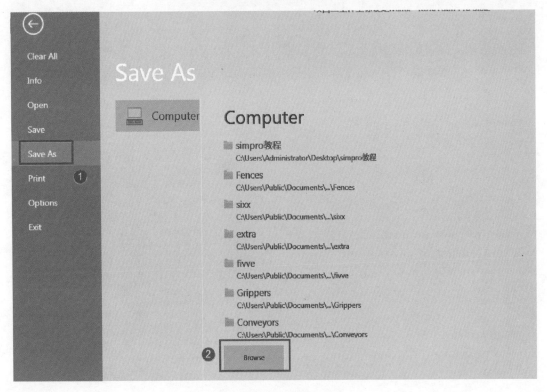

图 1.100 选择保存位置

（3）选择将该工作站保存至选定位置,并重命名为"KUKA 基础工作台",如图 1.101 所示。

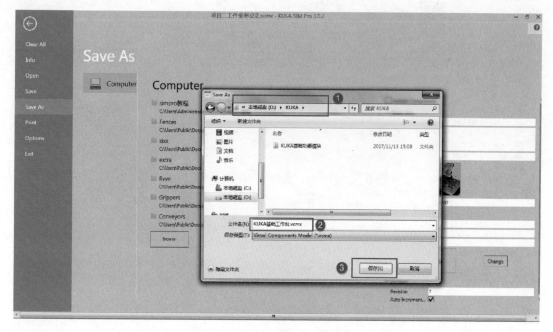

图 1.101　模型重命名

（4）因很多项目都是以基础工作台为基础来建立的,故用户可以在需要用到基础工作台时直接调出该"基础工作台",随着基础模块的增加,用户也可相应地将此基础工作台更新。

项目二

工件坐标系设定

1 项目提出

本项目是根据实际工作站搭建出相应的仿真模型工作站，同时配用 KR 6 R700 型号 KUKA 机器人并装上规定的夹爪。根据工件坐标的特性用户将会学习如何创建工件坐标。工件坐标系设定如图 2.1 所示。

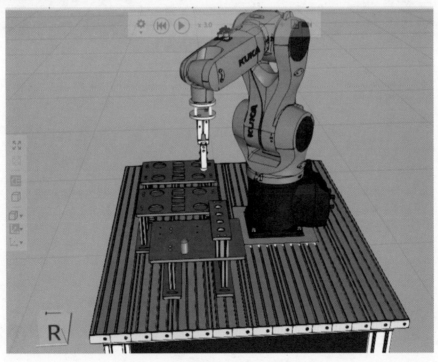

图 2.1 工件坐标系设定

2 项目分析

本项目旨在运用 KUKA SIM Pro(工业机器人虚拟仿真软件)的基础功能,模拟仿真以 KUKA 机器人为主体,通过模型编辑、程序编写来完成仿真工件坐标系创建项目。

3 必备知识

SIM Pro 软件常用的菜单有下述 8 个操作面板。

(1)Cell Graph(场景元件图)

在 HOME 模式下,以树形图的形式直观地展示所有导入场景中模型的名录,方便锁定、显/隐切换和删除等操作。

(2)eCatalog(模型库目录)

在 HOME 模式下,将分门别类地展示 KUKA 的机器人产品模型,包含用户文件夹和常用文件夹,方便选择、导入和整理模型文件。

场景元件图与模型库目录如图 2.2 所示。

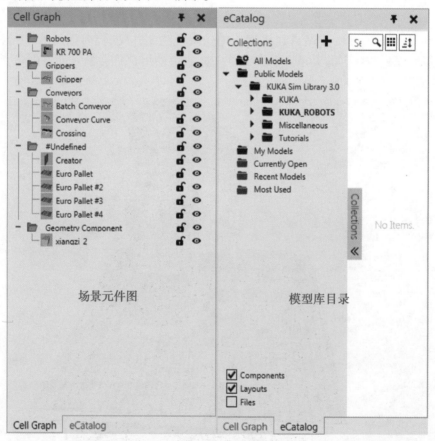

图 2.2 场景元件图与模型库目录

（3）Controller Map（控制器面板）

在 PROGRAM 模式下，可以查看控制器中的机器人系统参数，其中包含 16 个工具坐标和 16 个基坐标，占据机器人的 1~32 号信号位置。

（4）Job Map（工作面板）

在 PROGRAM 模式下用于编程，面板上端有所有可以在仿真中实现的指令图标，代表不同的程序指令。

控制器面板与工作面板如图 2.3 所示。

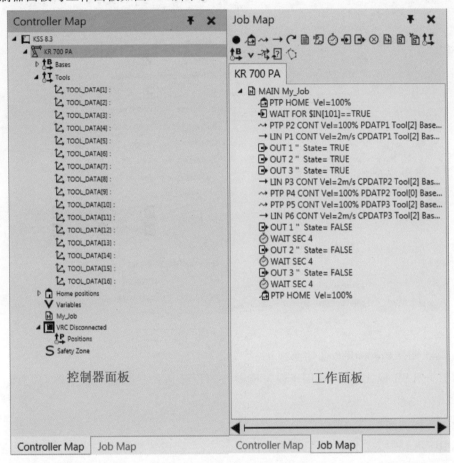

图 2.3　控制器面板与工作面板

（5）Component Graph（结构图）

在 MODELING 模式下，可以对模型进行设置，使之具有特征、动作和信号关联等属性。

（6）Component Properties（结构属性）

在 HOME 模式下，可以查看、设置选择对象的属性参数。

结构图与结构属性如图 2.4 所示。

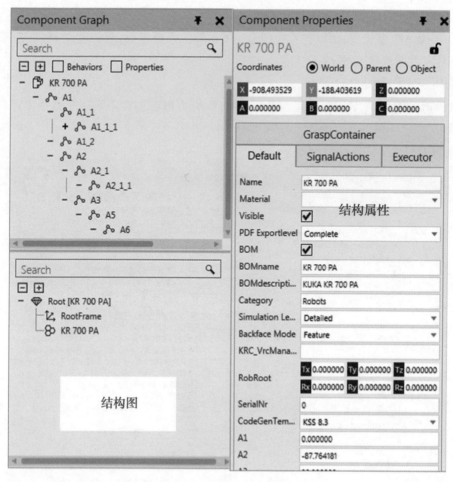

图 2.4　结构图与结构属性

（7）Controller Properties（属性面板）

在 PROGRAM 模式下，一般用于设置机器人的程序指令参数和工具坐标、基坐标等坐标系参数。

（8）Jog（运动面板）

在 PROGRAM 模式下，控制机器人的操作面板，主要设置机器人的坐标系和运动参数等。属性面板与运动面板如图 2.5 所示。

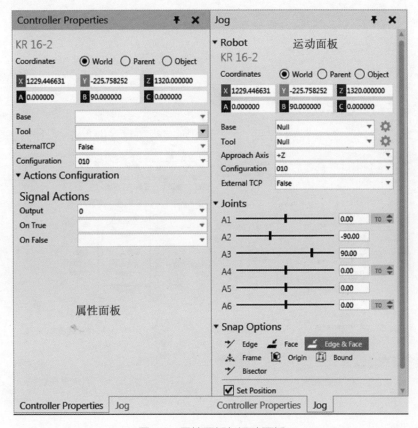

图 2.5　属性面板与运动面板

4　项目实施

4.1　资讯

本项目中所涉及的关于实际 KUKA 机器人的相关运动指令示教方法、指令参数及其运动原理等详见《工业机器人基础编程与调试——KUKA 机器人》。

4.2　计划、决策

检查工作软硬件条件是否符合要求,安装软件时是否有出现目录文件丢失的情况。在条件完备的前提下,按照实施步骤独立完成。

①在正方体上示教运动指令来熟悉 SIM Pro 的基础功能和操作方法。

②熟悉工件坐标系的设置要点。

③完成项目过程中需要掌握的知识点。

a.鼠标操作。

b.模型导入及设定位置。

c.创建工件坐标。

d.查看工作范围。

e.运动指令示教。

4.3 实施

4.3.1 打开项目导入模型

①找到基础工作站并进行复制粘贴,并将其重命名为项目二的工作站,如图 2.6 所示。

(a)复制粘贴 (b)重命名

图 2.6 新建项目

②打开项目二工作站,导入外部模型,如图 2.7、图 2.8 所示。

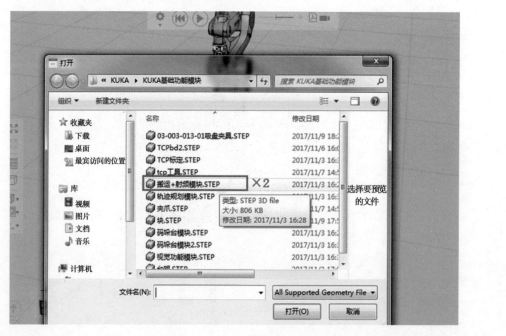

图 2.7 导入外部模型 1

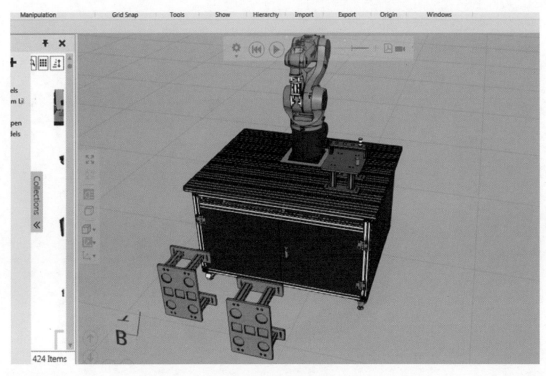

图 2.8　导入外部模型 2

4.3.2　模型编辑安装

①对原点位置不合适的模型进行原点重设,如图 2.9 所示。

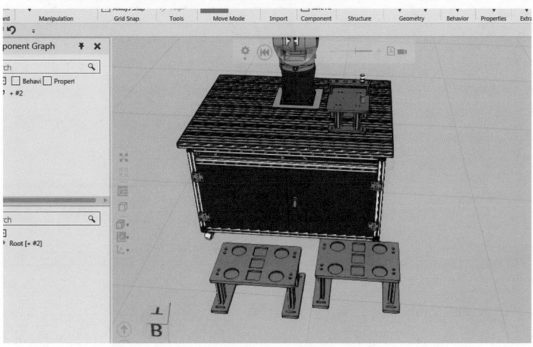

图 2.9　原点重设与姿势调整

②将模型按如图 2.10 所示进行摆放和安装。

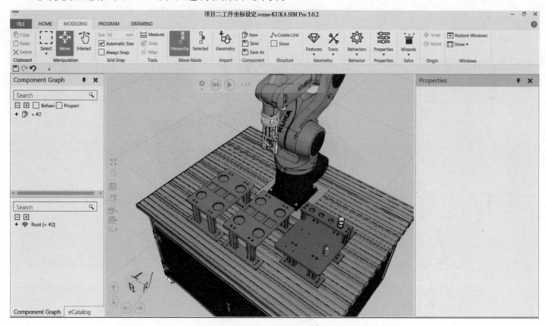

图 2.10　模型安装摆放

③调出颜色工具,对新导入的模型进行颜色渲染,如图 2.11 所示。

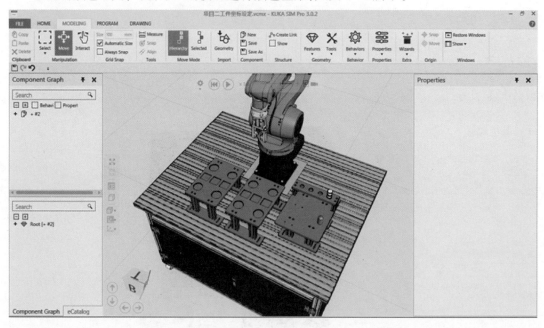

图 2.11　颜色渲染

4.3.3　设定工件坐标系

(1)单击"Jog",在序号②处工件坐标系栏选择"BASE_DATA[1]",单击序号③处按钮选择该工件坐标系 1 进行配置,如图 2.12 所示。

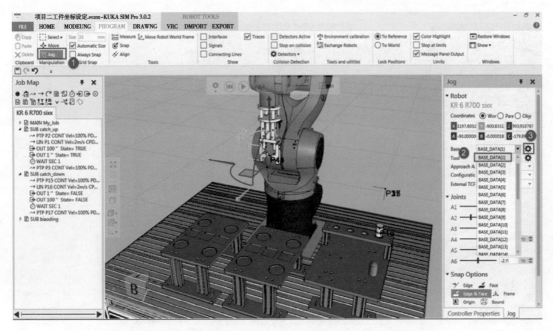

图 2.12 配置工件坐标系 1

（2）选择"Snap""1 Point"，然后单击左键选择右侧码垛台上一个角点，如图 2.13 所示。

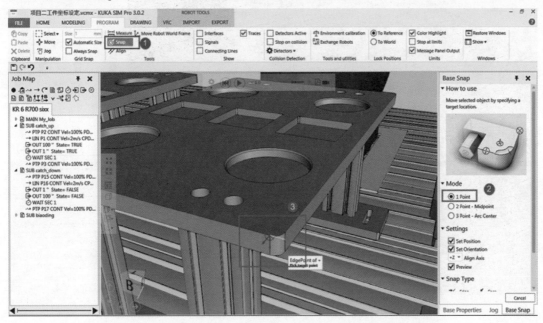

图 2.13 选择工件坐标系 1 原点

（3）单击右下角"Jog"栏确认并保存工具坐标系，如图 2.14 所示。

（4）用同样的方法设定工件坐标系 2，如图 2.15 所示。

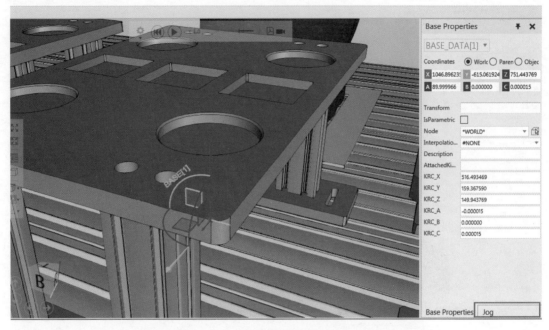

图 2.14　单击保存

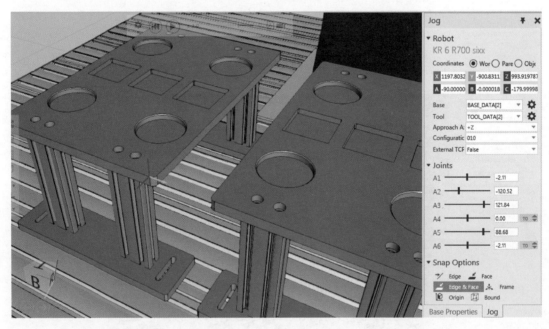

图 2.15　设定工件坐标系 2

4.4　检查

在完成任务的前提下,参照表 2.1,反思实施的过程中需要掌握的知识点有哪些,是否达到了合格标准?总结在完成项目过程中遇到的问题并找出最后解决的方法,帮助加深记忆和总结经验。

表 2.1　要点检查

编号	需要掌握的知识点	合格标准
1	工件坐标系的创建	能熟练创建工件坐标系
2	测量工具的运用	熟悉测量工具用法
3	点位示教与精准移动的方法	熟练示教点位和移动 TCP

4.5　评估

本项目也是应用基础工作站的项目,属于基础项目。本项目在项目一的基础上更加强调模型的属性配置和安装技巧,知识点的理解和实际操作。综合评估本项目可行性较高。

4.6　讨论

1.功能模块在规划放置区域时应按哪些要求进行?

2.设定工件坐标系有哪些作用和好处?

3.工件坐标系的切换对于实际生产有什么意义?

5　知识拓展

5.1　场景 PDF 导出

当工作场景建立完成、程序编写完成后,为了展示的方便和保存的方便,用户有时候需要将场景导出为 PDF 格式的文件。

(1)打开想要导出 PDF 文件的工作站,单击序号①处按钮,打开导出 PDF 菜单栏,如图 2.16 所示。

(2)配置导出属性,如图 2.17 所示。

(3)单击序号①处"Start Recording",在弹出的选框中选择保存位置(序号②)、保存文件名(序号③),单击"保存"开始进行导出,如图 2.18 所示。

(4)等待自动导出完成,导出完成后会自动运行导出的 PDF 文件,如图 2.19 所示。

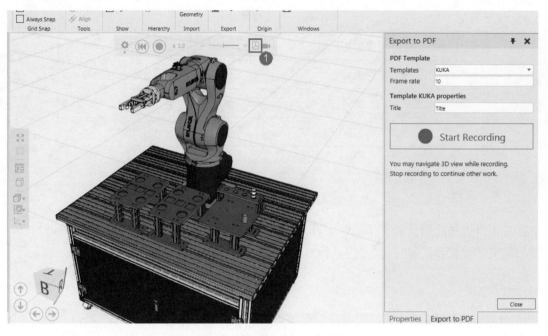

图 2.16　打开导出 PDF 菜单栏

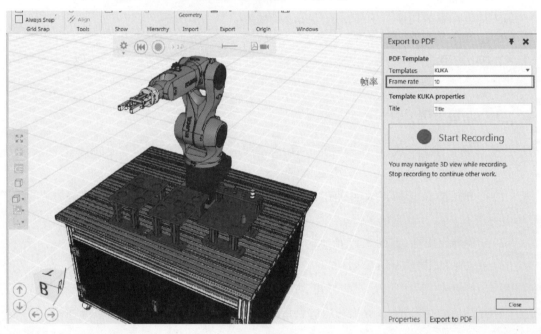

图 2.17　配置导出属性

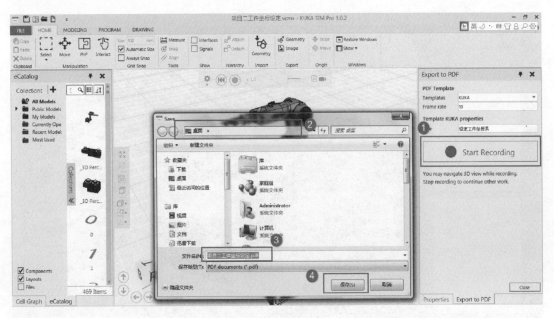

图 2.18 导出 PDF

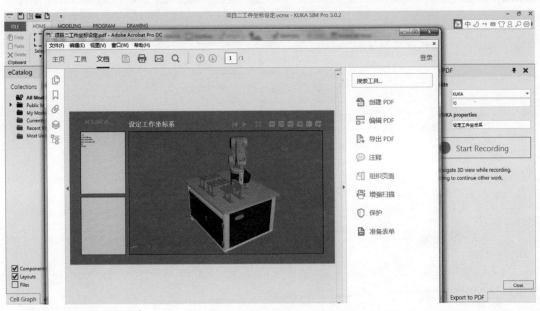

图 2.19 完成后自动打开导出的 PDF 文件

(5)导出的 PDF 文件可进行播放、暂停、旋转、平移、缩放等操作,如图 2.20 所示。鼠标操作及功能见表 2.2。

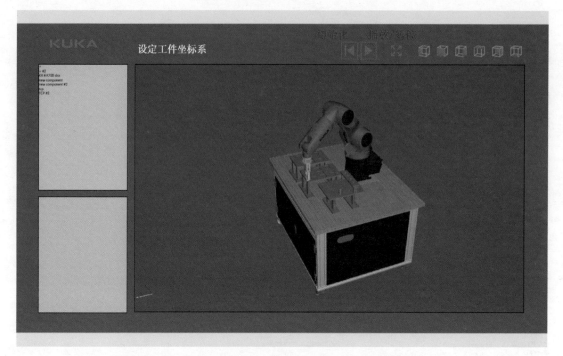

图 2.20　PDF 文件页面

表 2.2　鼠标操作及功能

鼠标操作	操作效果
左键	旋转
鼠标滚轮	缩放
"Ctrl"+左键	平移

5.2　场景视频导出

当工作场景建立完成、程序编写完成后,用户有时需要将场景导出为视频格式,具体操作如下所述。

(1)打开需要导出视频的工作站,单击序号①按钮,打开导出视频菜单栏,如图 2.21 所示。

(2)在属性栏中配置视频属性,如图 2.22 所示。

(3)单击"Start Recording",选择保存位置(序号②)、命名(序号③),然后单击保存开始导出,如图 2.23 所示。

(4)等待视频导出完成,导出完成后会自动打开视频,如图 2.24 所示。

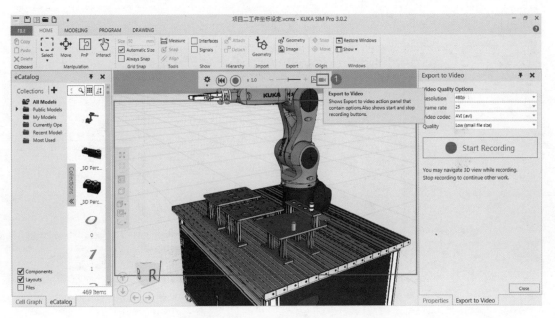

图 2.21　打开导出视频菜单栏

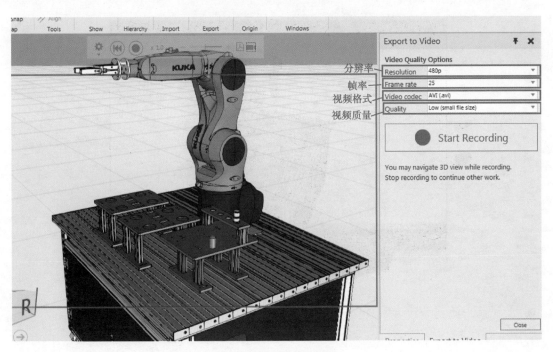

图 2.22　配置视频属性

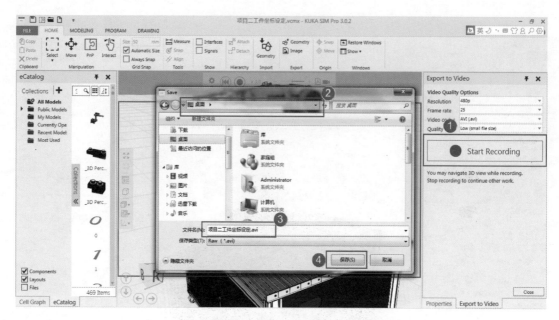

图 2.23　导出视频

图 2.24　视频导出完成

项目三

搬运工作站

1 项目提出

本项目是以 KR 6 R700 为主体,以 KUKA 基础台为载体,导入相应的功能模块并进行配置,还需创建相应的工具坐标系,按搬运的规则将方块工件从平台上搬运至既定位置。

搬运工作站如图 3.1 所示。

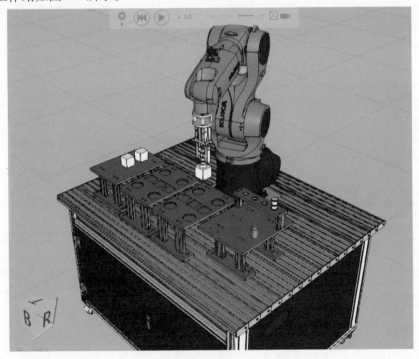

图 3.1　搬运工作站

2 项目分析

本项目旨在以搬运 3 个方块工件为内容,过程中有模型的处理和安装、工具坐标系的创建、IO 信号的连接配合等方面的知识点需要练习和复习,更重要的是让读者建立起搬运项目的创建思路和仿真模型。

3 必备知识

SIM Pro 软件是 KUKA 公司专为 KUKA 机器人离线编程而开发,除了机器人本体外,其余设备工具等都可以从外部导入。为了追求动作仿真的最好效果,SIM Pro 能识别表3.1 所示格式的文件。

表 3.1 SIM Pro 识别格式统计表

可识别的格式软件	版　本	后　缀
PRC	all	.prc
Pro/Enginner	Up to wildfire 5	.asm .nev .prt .xas .xpr
Robface	all	.rf
Rhino	4 to 5	.3dm
Solid Edge	19 to 20 and ST to ST8	.asm .par .pwd .psm
Solidworks	Up to 2016	.sldasm .sldprt
STEP	Up to AP203 E1/E2,AP214 and AP242	.stp .step
Stereo Lithography	all	.stl
Unigraphics	11.0 up to NX10.0	.u3d
U3D	ECMA-363 1,2 and 3 Edition	.u3d
VDA-FS	1.0 and 2.0	.vda
VRML	1.0 and 2.0	.wrl .vrml
Wavefront	all	.obj
3D Studio	all	.3ds
ACIS	Up to 23	.ast .sab
Autodesk Inventor	Up to 2016	.ipt .iam
Autodesk RealDWG	AutoCAD2000-2004,2007,2010,2013	.dwg .dxf

可识别的格式软件	版　本	后　缀
CATIA V4	Up to 4.2.5	.session .div .exp
CATIA V5	V5-6 R2015（R25）	. CATDrawing . CATPart . CATShape .cgr
CATIA V6	2011 up to 2013	.3dxml
Creo	Elements/Pro 5.0, up to Parametric 3.0	.asm .neu .prt .xas .xpr
I-deas	up to 3.x（NXS）and NX I-deas 6	.mf1 .arc .unv .pkg
IFC2x	2 to 4	.ifc .iczip
IGES	5.1 to 5.3	.igs .iges
Igrip/Quest/VNC	all	.pdb
JT	Up to 10.0	.jt
Parasolid	Up to 17.0	.x_b .x_t .xmt .xmt_txt

4　项目实施

4.1　资讯

本项目中所涉及的关于实际 KUKA 机器人的相关运动指令示教方法、指令参数及其运动原理等,详见《工业机器人基础编程与调试——KUKA 机器人》。

4.2　计划、决策

检查工作软硬件条件是否符合要求,安装软件时是否有出现目录文件丢失的情况。在条件完备的前提下,按照实施步骤独立完成。

①在正方体上示教运动指令来熟悉 SIM Pro 的基础功能和操作方法。

②熟悉模型的移动和控制方式。

③熟悉子程序的编辑方法。

④熟悉工具坐标系的创建方法。

⑤能熟练对已有程序进行更改。

4.3 实施

4.3.1 建立项目

找到基础工作站并进行复制粘贴,重命名为项目三的工作站,如图 3.2 所示。

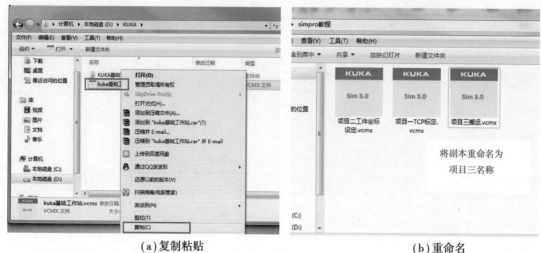

(a)复制粘贴   (b)重命名

图 3.2 新建项目

4.3.2 导入模型、编辑模型

打开工作站,单击序号①处"Geometry",选择项目所需的外部模型,再单击序号③打开,然后单击序号④导入场景中,如图 3.3、图 3.4、图 3.5 所示。

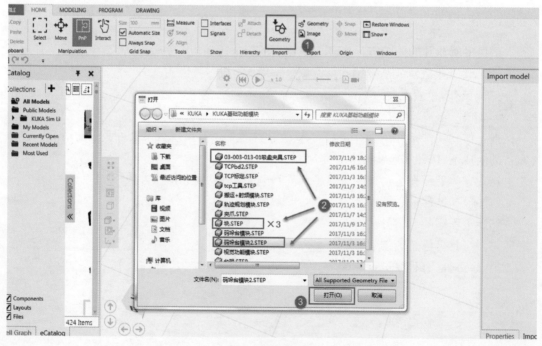

图 3.3 导入模型

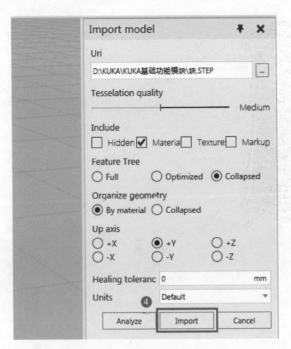

图 3.4　单击导入

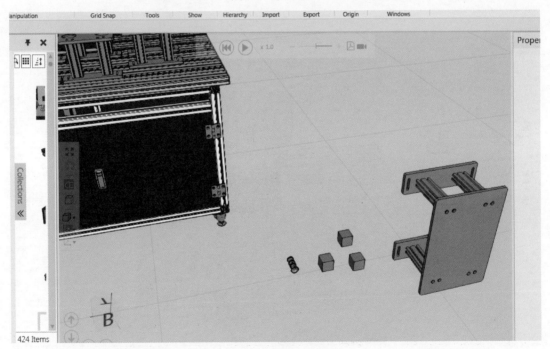

图 3.5　导入的模型

4.3.3　模型编辑安装

（1）重设模型原点，如图 3.6 所示。

（2）将模型按如图 3.7 所示位置安装在工作台上。

（3）单击"HOME"、单击机器人，然后选择"WorkSpace"查看模型是否涵盖在机器人工作

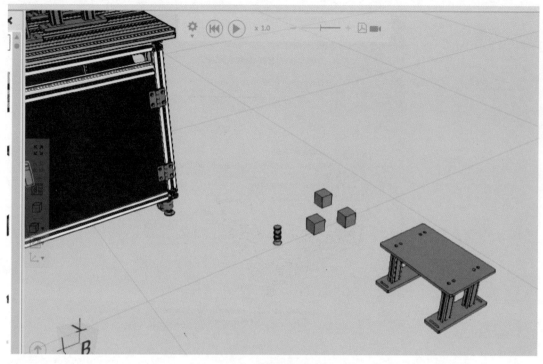

图 3.6　重设模型原点

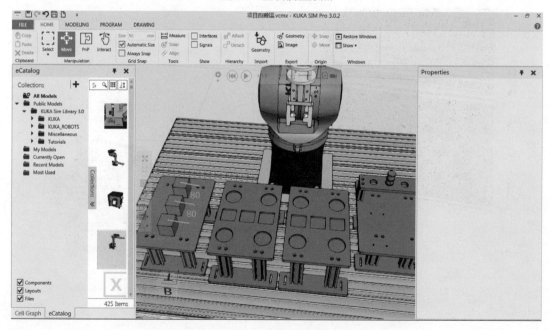

图 3.7　安装模型

范围之内,如工作位置不在工作范围内,立即调整模型位置使其涵盖在工作范围之内,如图 3.8 所示。

　　(4)单击序号①处"Tools"、序号②处"Assign"调出色彩工具栏(序号③),对模型进行渲染,如图 3.9 所示。

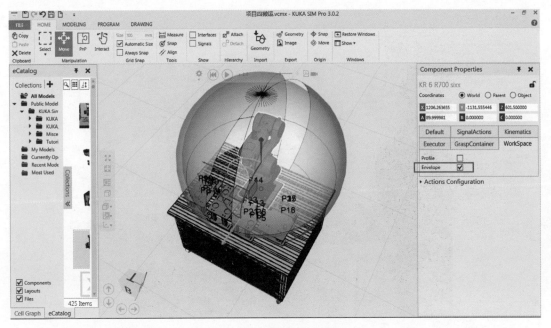

图 3.8　查看工作范围

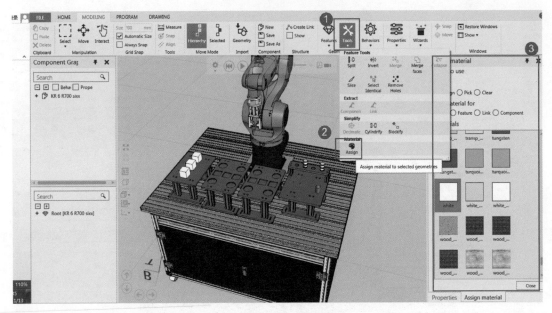

图 3.9　颜色渲染

4.3.4　编辑工具抓取与放置程序

由于现有程序中的抓取程序抓取的是尖顶工具,而本项目所用的是吸盘工具,所以用户需要将程序中抓取尖顶工具的点位变更示教为抓取吸盘工具。

①切换至程序编辑界面,将当前工具坐标系设置为工具坐标系 1,单击"Snap""1 Point",勾选取消"Set Orientation",然后左键选择吸盘工具抓取位置的中心点,如图 3.10 所示。

②右键单击"Touch Up Point",将 P1 点位置示教为当前位置,如图 3.11 所示。

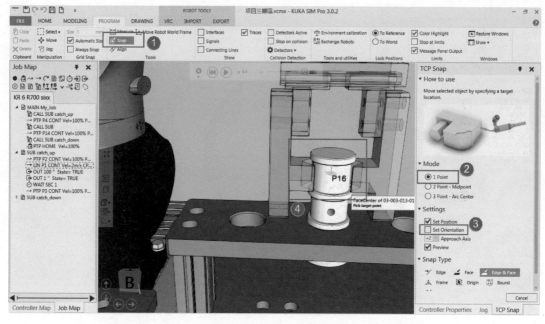

图 3.10　修改抓取放置程序

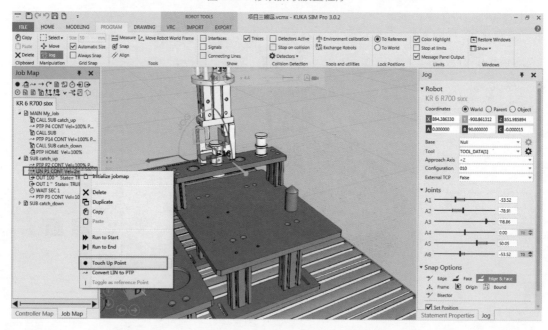

图 3.11　重新示教抓取点

　　③同理,将工具坐标系升高到如图 3.12 所示位置,将 P2 点与 P3 点位置更新,如图 3.12所示。

　　④按上述步骤,将子程序"catch_down"中位置信息更新为放置吸盘工具的位置信息,如图 3.13 所示。

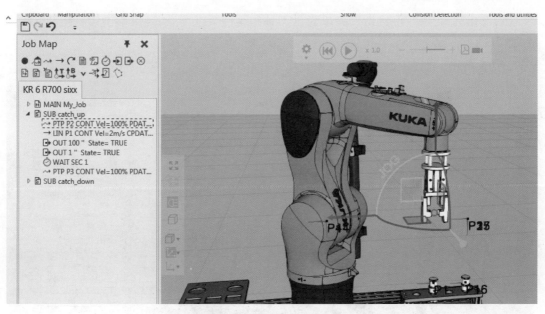

图 3.12　更新接近点位置

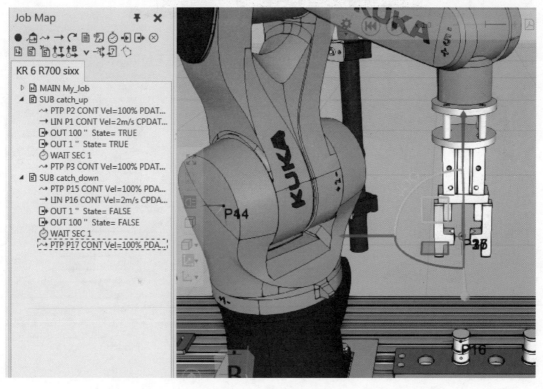

图 3.13　修改放置程序

4.3.5　创建工具坐标系

由于在项目三中已将夹爪及其工具坐标系配置好,所以在此不需要配置夹爪和创建夹爪工具坐标系,只需要创建吸盘的工具坐标系即可。

（1）单击运行按钮,待机器人夹取吸盘工具并运行至过渡点,再次单击运行按钮暂停程序,如图 3.14 所示。

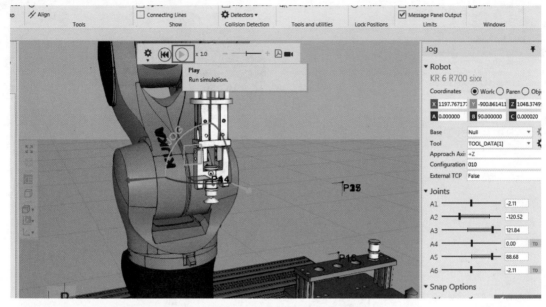

图 3.14　夹取工具

（2）单击序号①处选择"TOOL_DATA[3]"并进行配置,如图 3.15 所示。

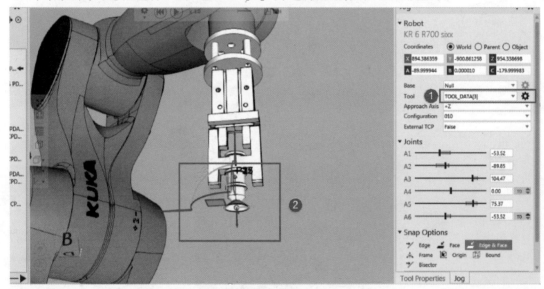

图 3.15　新建吸盘工具坐标系

4.3.6　编辑搬运子程序

（1）新建子程序并命名,如图 3.16 所示。
（2）运行程序,待机器人抓取吸盘工具后暂停,如图 3.17 所示。

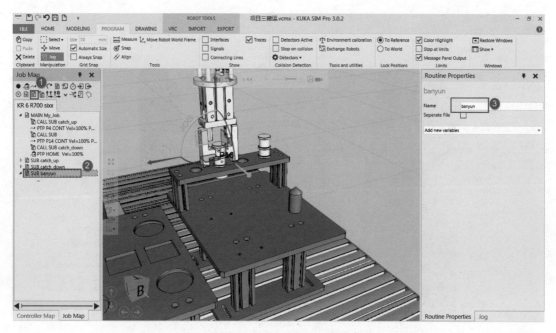

图 3.16　新建搬运程序

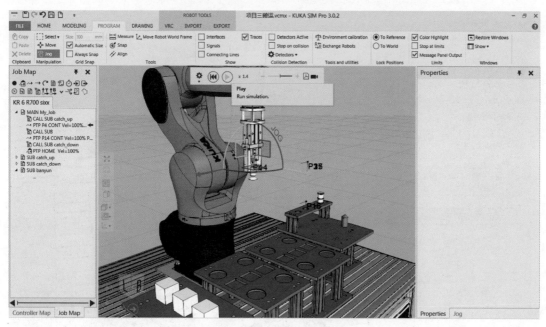

图 3.17　抓取工具

（3）将当前工具坐标系切换为第三工具坐标系（吸盘工具），单击"Snap""1 Point"，勾选取消"Set orientation"，最后单击选取第一个方块工件的顶面中心点，如图 3.18 所示。

（4）单击添加到此点的直线运动指令，如图 3.19 所示。

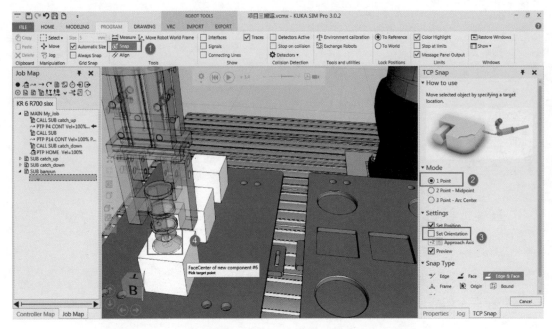

图 3.18　选取工件抓取位置

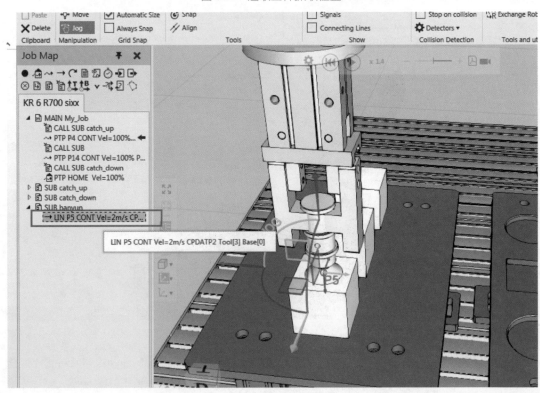

图 3.19　添加直线指令

（5）将 TCP 向上提起，添加 PTP 指令，然后在序号②处修改 Z 方向上数值为"950.000000"，右键单击该条指令进行示教更新点位信息，如图 3.20 所示。

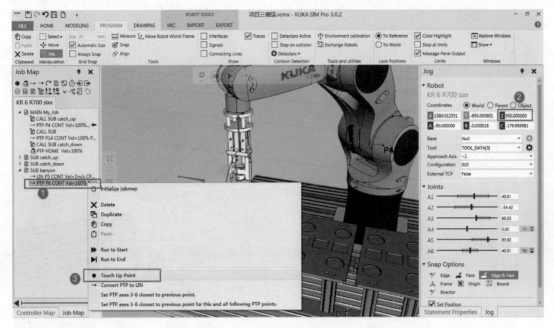

图 3.20　示教接近点

（6）左键单击接近点（P6）指令，将其按住不放拖曳到放置点（P5）指令之前，如图 3.21 所示。

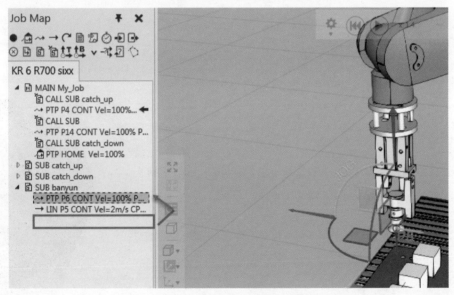

图 3.21　接近点拖动到子程序开头

（7）单击放置点程序，然后添加吸盘吸起方块工件的 IO 信号指令和时间等待指令，最后复制接近点指令粘贴于后，如图 3.22 所示。

（8）单击序号①处测量工具，单击序号②处的物料模型角点，然后单击序号③处的角点，测量得出物料工件的高度数值，如图 3.23 所示。

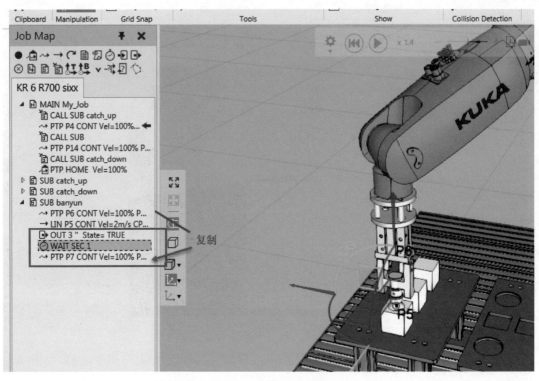

图 3.22 复制接近点程序

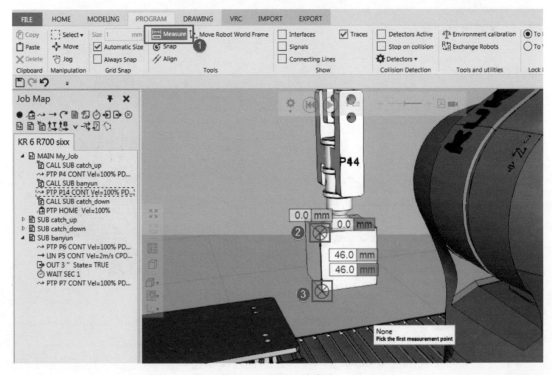

图 3.23 测量工件高度

（9）单击"Snap""1 Point"，勾选取消"Set Orientation"，然后单击选定如图 3.24 所示功能台上第一个凹槽中心点。

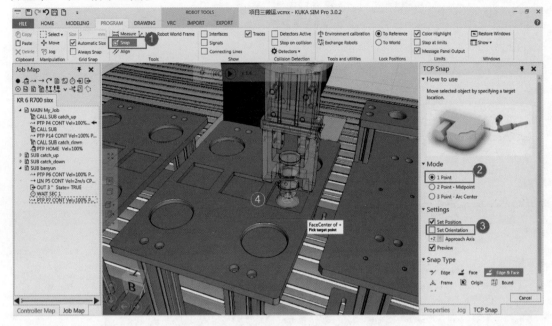

图 3.24 选择放置点

（10）单击添加到此点的直线运动指令（序号①），在 Z 轴数值栏加上方块工件高度后按回车键确定（序号②），单击序号③按钮示教点更新点位信息，如图 3.25 所示。

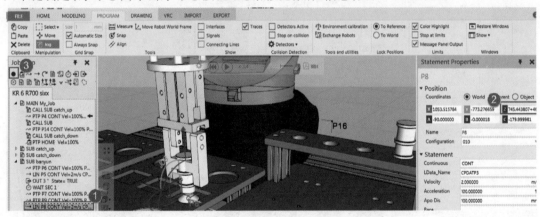

图 3.25 精确放置点位置

（11）根据抓取程序，可以编写出放置部分的指令，如图 3.26 所示。

（12）根据上述步骤，依次编写第二个和第三个方块工件的搬运程序，如图 3.27 所示。

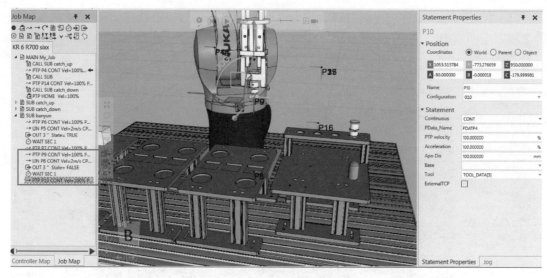

图 3.26　写出放置部分指令

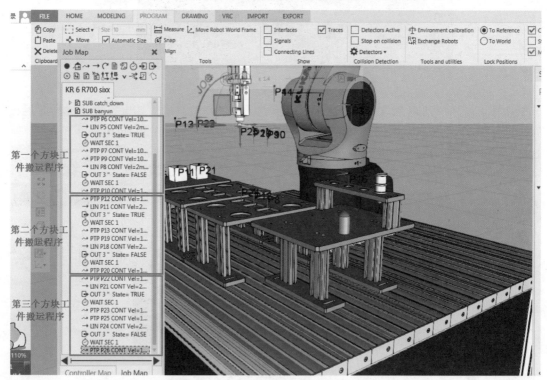

图 3.27　写出第二个和第三个方块工件的搬运程序

（13）单击主程序,添加调用子程序指令(序号①),单击右侧属性栏选择调用的子程序名称(序号②),如图 3.28 所示。

（14）至此,整体搬运程序编写完成,完成图如图 3.29 所示。

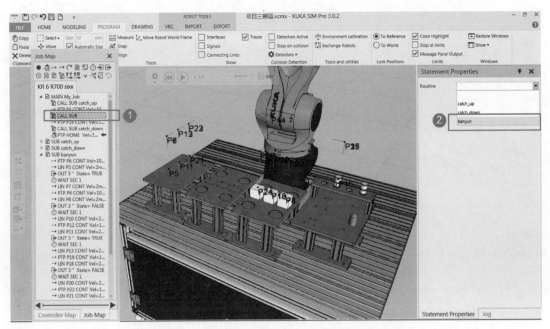

图 3.28　调用搬运子程序

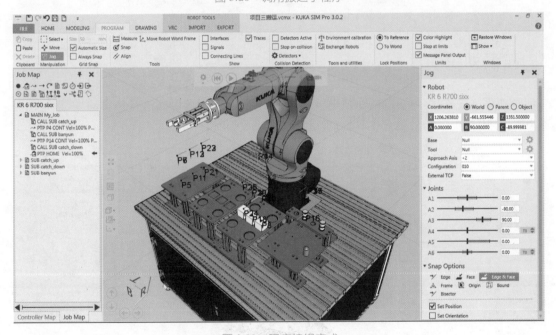

图 3.29　程序编辑完成

4.4　检查

在完成任务的前提下,参照表3.2,反思实施的过程中需要掌握的知识点有哪些、是否达到了合格标准,总结在完成项目过程中遇到的问题并找出最后解决的方法,帮助加深记忆和总结经验。

表 3.2　要点检查

编号	需要掌握的知识点	合格标准
1	外部模型处理	熟练对外部模型进行处理和安装
2	修改已有程序	熟悉已有程序的修改技巧和步骤
3	Snap 功能定点的技巧	熟练使用属性栏修改数值法来进行点位的精确标记

4.5　评估

本项目是基础项目中的搬运项目。本项目不仅将前面几个基础项目的知识点进行了系统复习,更加强调搬运子程序的编程步骤和搬运工作站的设计思路。总体来说重点突出,综合性较强,综合评估可行性较高。

4.6　讨论

1.为什么要将接近点的高度调整成一致的数值？这样做有什么好处？

2.为什么在每个吸盘吸起工件和放下工件的 IO 信号输出后都要添加时间等待指令？真实情况与仿真一样吗？有什么作用？

5　拓展知识

当机器人工作场景构建完成、机器人程序编辑完成后,用户可以进行仿真动作,以检测整体场景和程序的正确性,仿真工具栏的功能如图 3.30 所示。

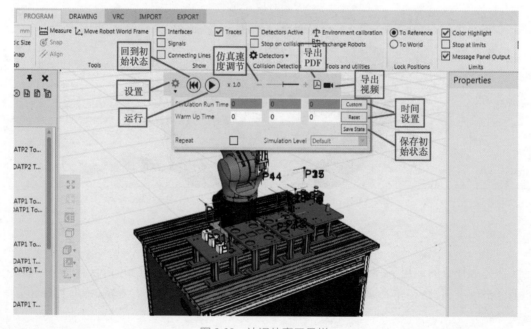

图 3.30　认识仿真工具栏

项目四

码垛工作站

1 项目提出

项目四需要以 KUKA KR6_R700 小型机器人为主体，以 KUKA 基础台为载体，按码垛规则进行编程。将方块工件从固定位置运送到码垛台上进行金字塔式码垛，码垛工作站如图 4.1 所示。

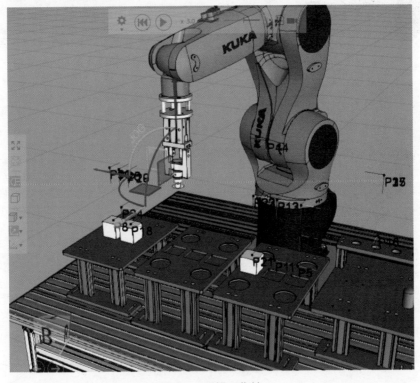

图 4.1 码垛工作站

2 项目分析

本项目主要包含 3 个方面的内容,如下所述。

①IO 信号的连接与设置。在机器人和工具之间建立连接,与现实机器人相同,即 IO 电信号的连接,机器人通过在编程过程中调用信号来控制外部设备的动作。

②编写简单码垛程序的操作方法。主要是 IO 信号调用的方法,在运动指令中穿插 IO 信号的调用指令,需要注意 IO 指令的顺序和与工具信号连接的逻辑关系。

③外部导入工具的处理。除了对模型本身的处理,还有对模型动作方式和效果的设计,另外 IO 的控制属性设置等方面也需要考虑。

3 必备知识

SIM Pro 软件自带有 1~16 共 16 个工具坐标系编号。为了节约软件操作人员的时间,简化操作步骤,在用到其中某一个编号的工具坐标系时,该工具坐标系所在设备的输出信号不用再特别建立 IO 信号,即默认为该工具坐标系编号。

①如图 4.2 所示,将夹爪的末端夹取中点设置为工具坐标系 1。

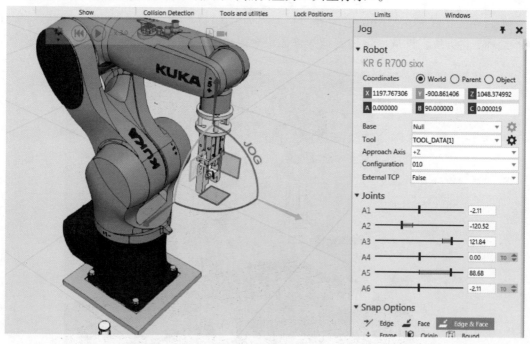

图 4.2　设置工具坐标系

②查看 IO 信号栏,发现夹爪并没有配置任何 IO 信号,如图 4.3 所示。

③编辑程序夹取吸盘,如图 4.4 所示。

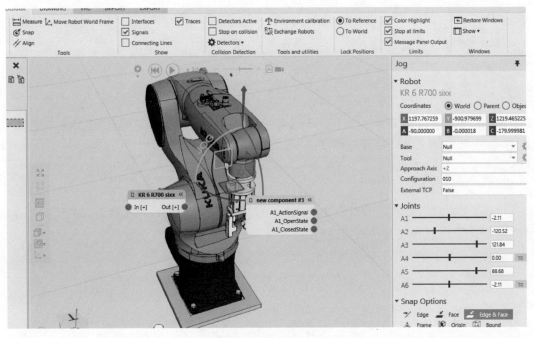

图 4.3 查看 IO 信号

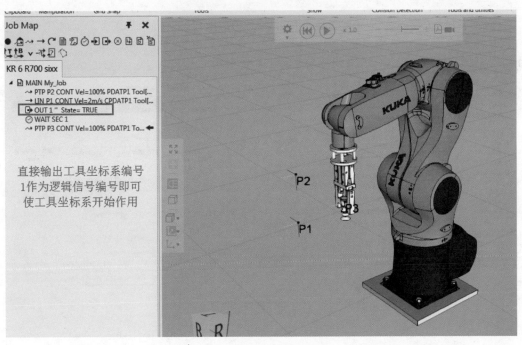

直接输出工具坐标系编号
1作为逻辑信号编号即可
使工具坐标系开始作用

图 4.4 添加 IO 信号输出指令

4 项目实施

4.1 资讯

本项目中所涉及的关于实际 KUKA 机器人的相关工具坐标创建及使用、示教编程方法等,详见《工业机器人基础编程与调试——KUKA 机器人》。

4.2 计划、决策

检查工作软硬件条件是否符合要求,安装软件时是否有出现目录文件丢失的情况。在条件完备的前提下,按照实施步骤独立完成。

①熟悉 SIM Pro 的导入处理模型的功能和操作方法。

②实现机器人运行码垛任务的程序编写,并掌握所有相关的设置操作技巧。

4.3 实施

4.3.1 建立项目

①找到基础工作站并进行复制粘贴,重命名为项目四的工作站,如图 4.5 所示。

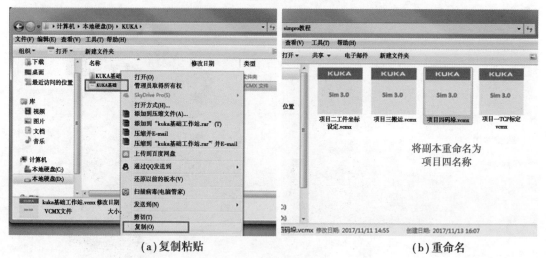

(a)复制粘贴　　　　　　　　　　　　(b)重命名

图 4.5 新建项目

②打开本项目工作站,并进行修改,如图 4.6 所示。

4.3.2 编辑码垛子程序

由于项目三中已将吸盘工具的抓取和放置程序编写完成,因此用户可以直接进行码垛程序的编写。

(1)单击序号①添加子程序,单击添加的子程序(序号②),于右侧属性框进行重命名(序号③),如图 4.7 所示。

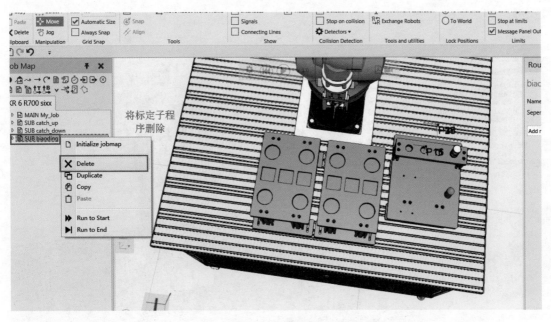

图 4.6 打开项目

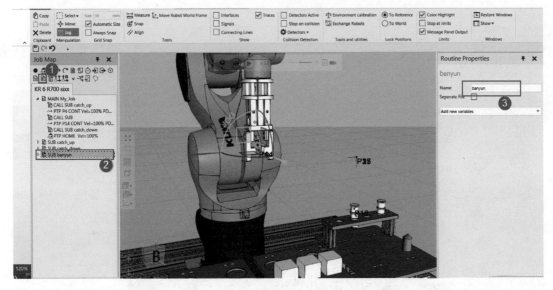

图 4.7 添加码垛子程序

（2）单击运行按钮，待机器人夹取吸盘工具并运行至过渡点后再次单击运行按钮暂停程序，如图 4.8 所示。

（3）单击序号①搬运子程序的指令编辑栏，然后单击"Jog"，将工具坐标系切换为工具坐标系 3，如图 4.9 所示。

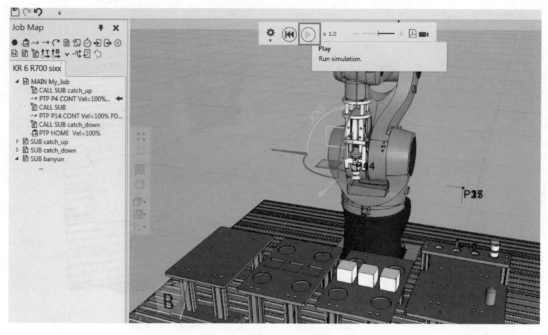

图 4.8　运行程序

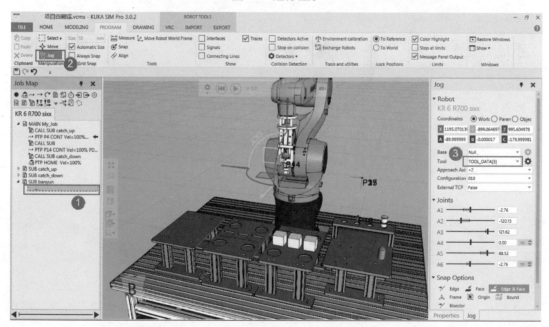

图 4.9　设置第三工具坐标系

（4）单击"Snap""1 Point"，左键选定右侧第一个物料工件的上顶面中心点，如图 4.10 所示。

（5）添加到此点的直线指令，如图 4.11 所示。

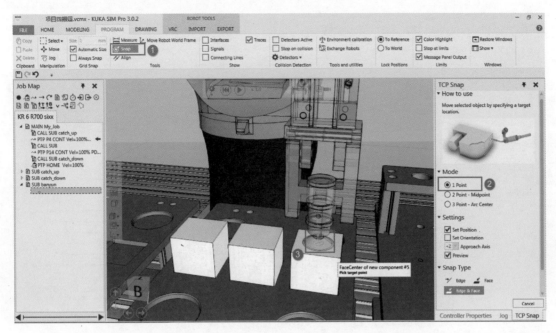

图 4.10 选取工件抓取点

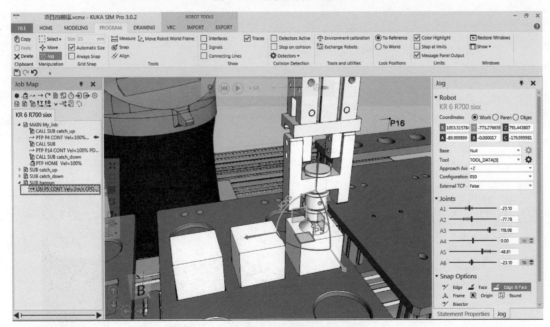

图 4.11 选定工具抓取点

（6）将 TCP 向上拉到图 4.12 中所示位置，添加 PTP 运动指令，并拖动至 P5 点指令之前，如图 4.13 所示。

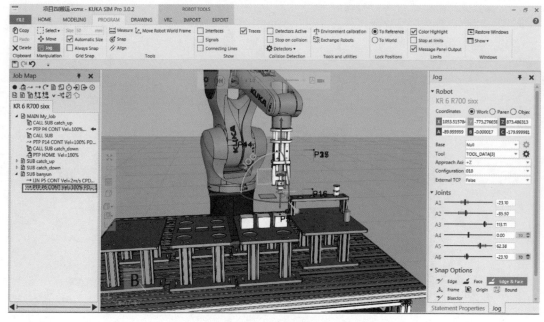

图 4.12　添加接近点指令

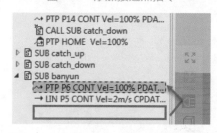

图 4.13　移动接近点指令至子程序开头

（7）单击回到 P5 点（抓取点），添加抓取信号和时间等待指令，如图 4.14 所示。

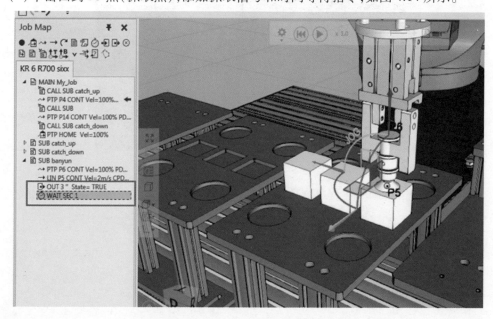

图 4.14　添加 IO 输出和时间等待信号

(8)复制 P6 点指令,粘贴于程序最后,第一个物料即抓取完成,如图 4.15 所示。

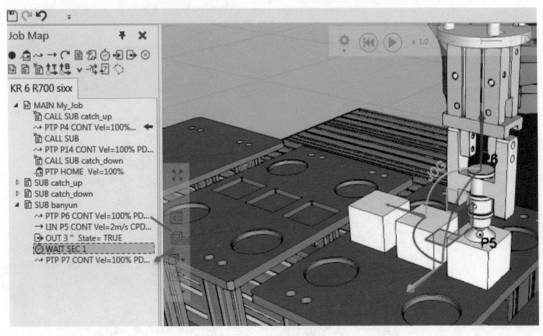

图 4.15　第一个工件抓取程序完成

(9)单击过渡点 P4 的指令行,单击序号①添加调用子程序,在序号③处选择调用的子程序名称:"banyun"(搬运子程序),如图 4.16 所示。

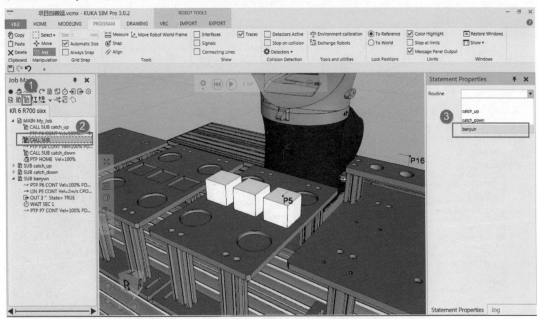

图 4.16　调用搬运子程序

(10)单击运行按钮运行程序,待程序运行至将第一个物料抓取完成再次单击运行按钮暂停程序,如图 4.17 所示。

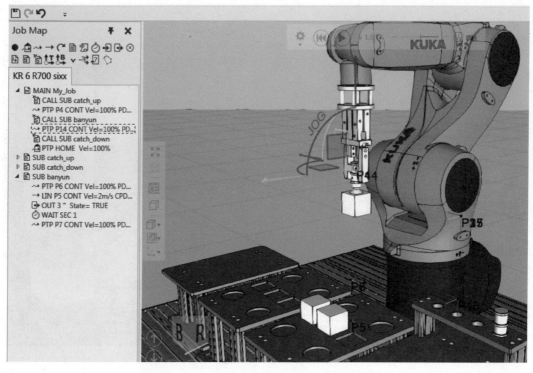

图 4.17　运行程序

（11）单击序号①处的测量工具，单击序号②处的物料模型角点，然后单击序号③处的角点，测量得出物料工件的高度数值，如图 4.18 所示。

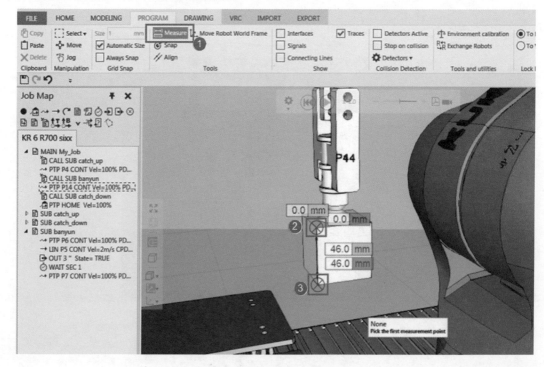

图 4.18　测量工件高度

（12）将当前坐标系置为"TOOL_DATA[3]"，单击"Snap""1 Point"，然后左键选定码垛台的中心点，如图4.19所示。

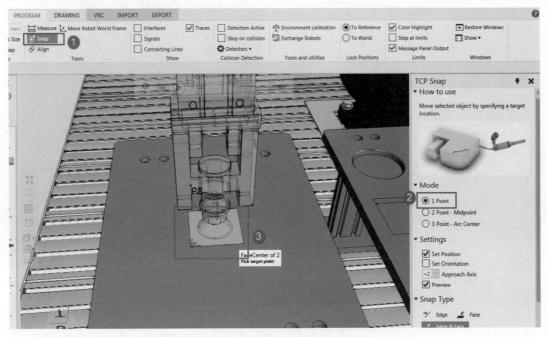

图4.19 选取放置点

（13）在右侧属性栏中的Z轴数值栏加上物料的高度，X轴加上偏移30 mm，然后按回车确认，如图4.20、图4.21所示。

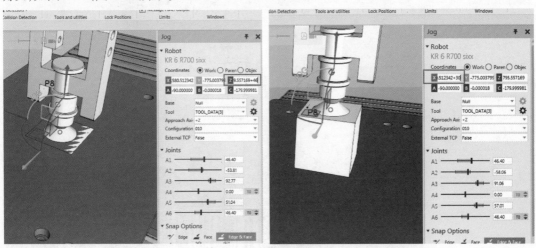

图4.20 选定放置点

（14）单击添加到此放置点的直线运动指令，然后将坐标系升高，再添加其接近点的PTP指令并移动至放置点指令之前，如图4.22所示。

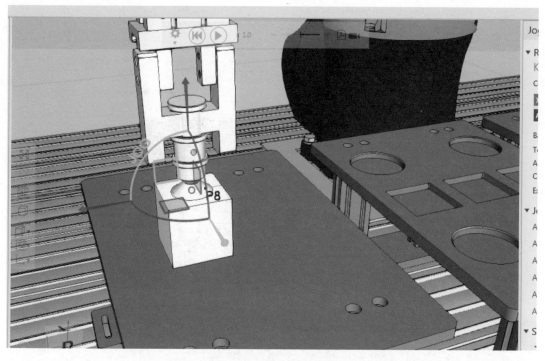

图 4.21　放置点选定完成

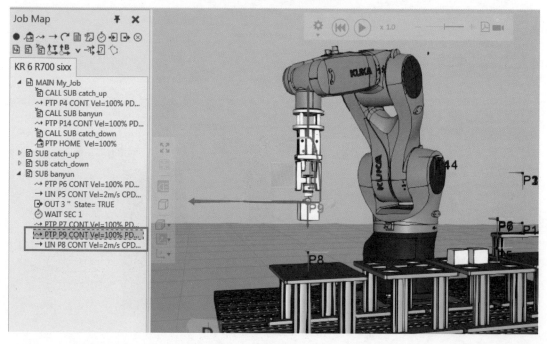

图 4.22　添加接近点指令

（15）单击 P8（放置点）指令，继续添加输出信号指令和时间等待指令，然后复制接近点（P9）指令粘贴于程序最后。至此，第一个物料放置完成，如图 4.23 所示。

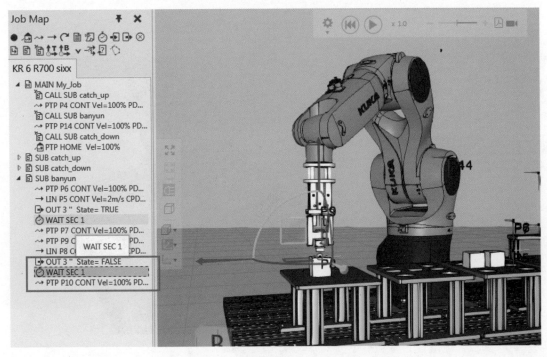

图 4.23 添加放置与实践等待指令

（16）按上述步骤分别添加第二个物料工件和第三个物料工件的搬运程序，如图 4.24
所示。

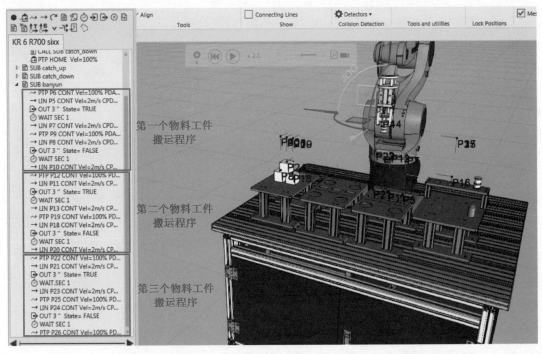

图 4.24 添加第二个物料工件和第三个物料工件的搬运指令

（17）整体程序编辑完成，如图 4.25 所示。

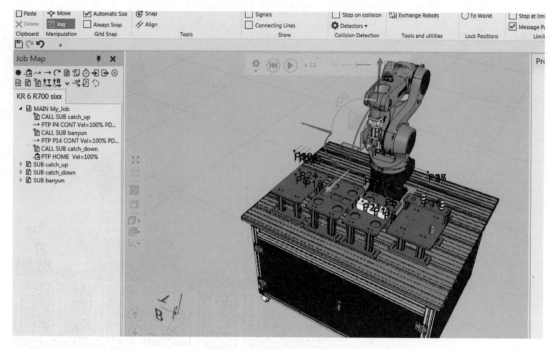

图 4.25　整体程序完成

4.4　检查

在完成任务的前提下,参照表 4.1,反思实施的过程中需要掌握的知识点有哪些,是否达到了合格标准? 总结在完成项目过程中遇到的问题并找出最后解决的方法,帮助加深记忆和总结经验。

表 4.1　要点检查

编号	需要掌握的知识点	合格标准
1	模型配置的技巧和方法	能熟练进行模型原点重设和角度变化
2	颜色渲染和移除的方法	能熟练配置模型颜色
3	块模型精确放置的方法	能熟练运用 Snap 工具和参数修改技巧
4	测量工具的使用	能熟练使用测量工具

4.5　评估

本项目与搬运项目类似,完全采用与搬运项目一样的坐标系和功能模块,所以不再重复进行基础设置和模型配置,直接进行码垛程序编辑来学习码垛项目的设计思路。综合评估本项目效率较高,可行性较高。

4.6 讨论

1.在搬运编程过程中,在夹爪动作指令的后面添加等待时间指令的意义是什么?

2.工具的中心指的是什么? 导入工具模型过程中关于相对规则的模型,系统会直接给定中心,若工具模型是不规则的形状,该如何设定中心? 具体的操作步骤是什么? 请简要叙述。

3.整个程序还能进行怎样的模块化处理?

5 知识拓展

SIM Pro 提供了尽量简化且多样性选择的画面显示,用户可以选择场景以显示自己所需要的坐标系及示教点,并可将暂时不需要参考的坐标系隐藏起来,如图 4.26 所示。

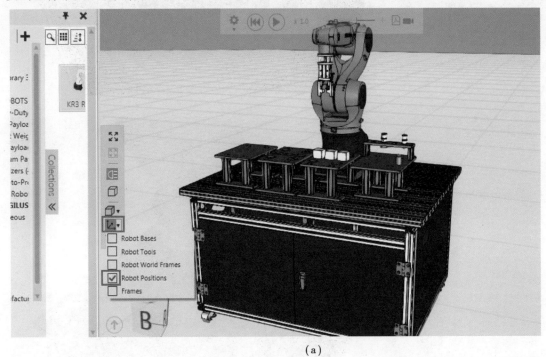

(a)

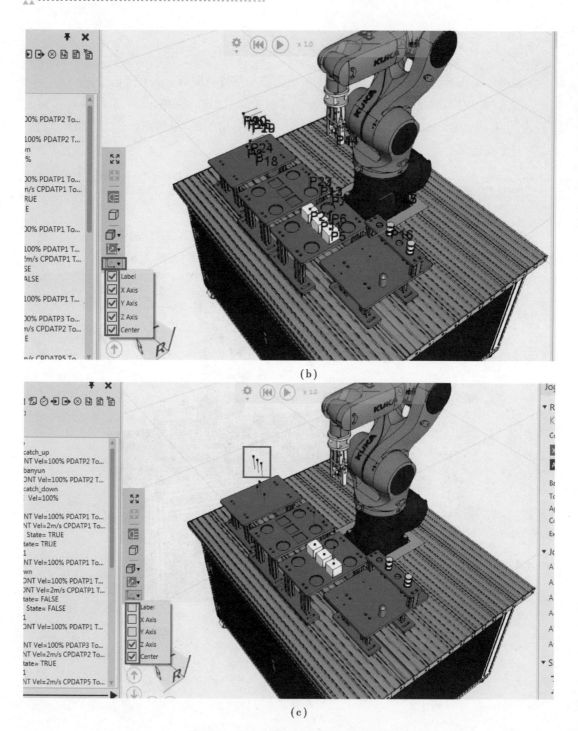

(b)

(c)

图 4.26　坐标系及示教点的隐藏与显示

项目五

机器人平面轨迹规划

1 项目提出

　　本项目是基于 KUKA 基础工作站进行的平面轨迹规划工作。机器人夹取工具台上的尖顶工具,并对轨迹规划模块进行集中相应形状的轨迹绘制。由于轨迹规划模块位于工作台架之上且成一定角度,所以需要重新定义工件坐标系以使编程更加简化。平面规划工作站如图 5.1 所示。

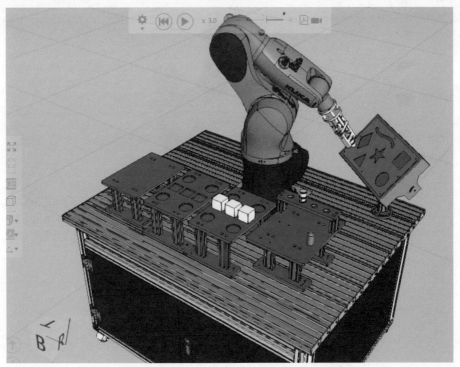

图 5.1　平面规划工作站

2 项目分析

本项目使用基础工作台,需要导入相应的轨迹规划模块并进行配置安装。由于该模块的平面与台架平面成一定角度,所以为了编程的简便,用户可以建立 X、Y 轴在此轨迹规划平面的工件坐标系以简化编程。

需要练习和了解的主要内容如下所述。

①工件坐标系的设定。

②指令修改。

③程序编辑与调用。

3 必备知识

SIM Pro 提供多种分辨率的图像导出,可自由选择图像画质和大小,导出并保存,如图 5.2 所示。

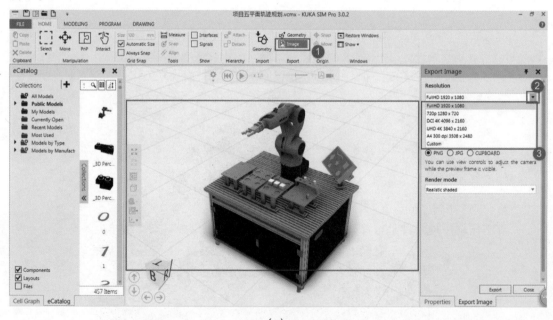

(a)

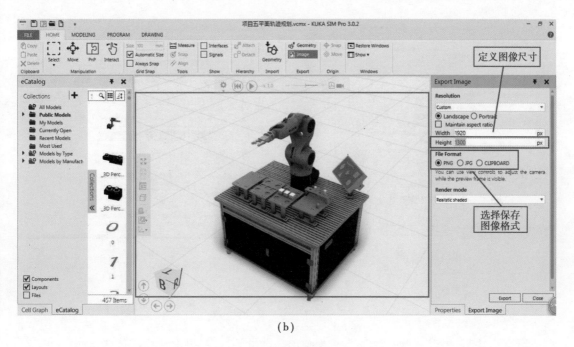

（b）

图 5.2　场景图像导出

4　项目实施

4.1　资讯

本项目中所涉及的关于实际 KUKA 机器人的相关运动指令示教方法、指令参数及其运动原理等，详见《工业机器人基础编程与调试——KUKA 机器人》。

4.2　计划、决策

检查工作软硬件条件是否符合要求，安装软件时是否有出现目录文件丢失的情况。在条件完备的前提下，按照实施步骤独立完成：

①提前准备项目所要使用的外围设备模型。

②导入模型进行属性设置与位置安装。

③IO 信号设置与连接。

④工件坐标系的选择和设置。

4.3　实施

4.3.1　建立项目

找到基础工作站并进行复制粘贴，重命名为项目五的工作站，如图 5.3 所示。

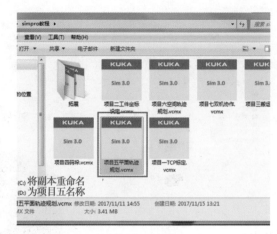

(a) 复制粘贴　　　　　　　　　　　　　　　(b) 重命名

图 5.3　新建项目

4.3.2　导入模型、编辑模型

打开工作站,单击"Geometry",选择项目所需的外部模型,单击打开,然后单击"Import"导入场景中,如图 5.4、图 5.5 所示。

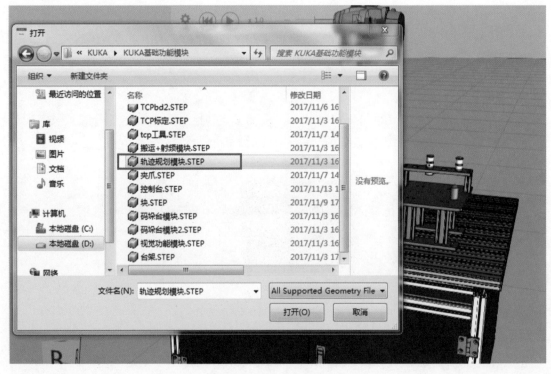

图 5.4　导入外部模型 1

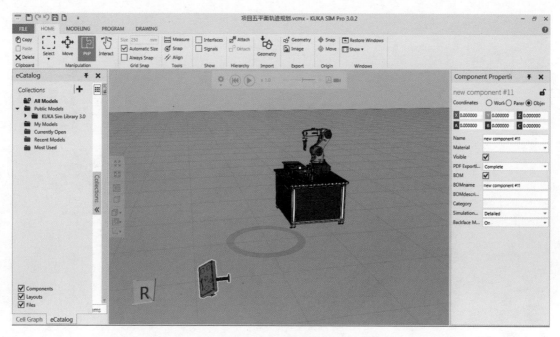

图 5.5 导入外部模型 2

4.3.3 模型编辑安装

①重设原点,如图 5.6 所示。

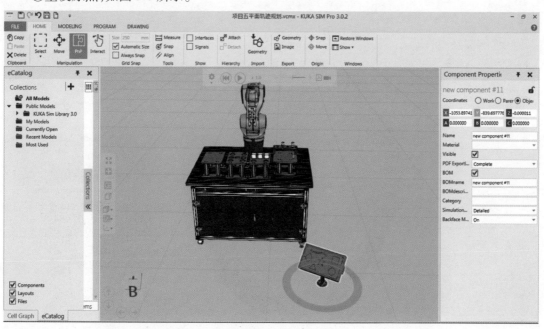

图 5.6 重设原点

②将模型按如图 5.7 所示位置安装在工作台上。

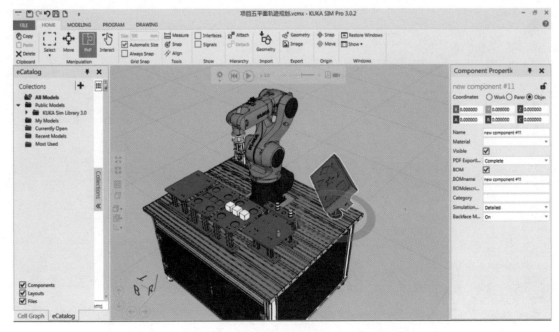

图 5.7　模型安装

③单击"HOME"、单击机器人,然后选择"WorkSpace"查看模型是否涵盖在机器人工作范围之内,如图 5.8 所示。

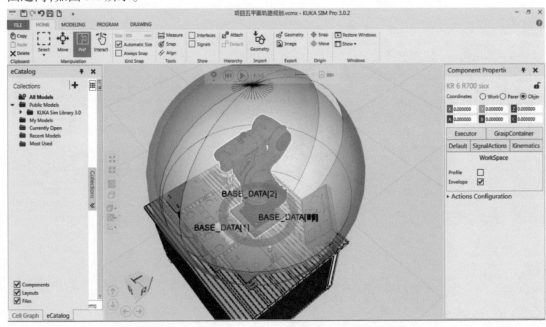

图 5.8　工作范围查看

④单击"Tools""Assign"调出色彩工具栏,对模型进行渲染,效果如图 5.9 所示。

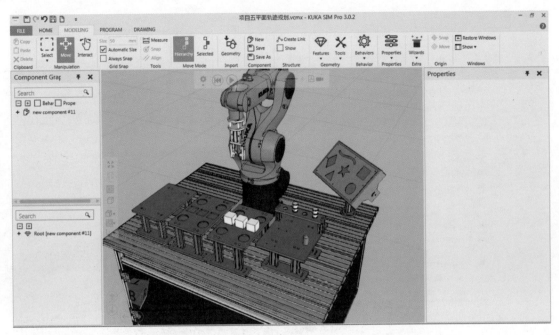

图 5.9　颜色渲染

4.3.4　编辑工具抓取与放置程序

①切换至程序编辑界面,将当前工具坐标系设置为工具坐标系 1,单击"Snap""1 Point"、勾选取消"Set Orientation",然后左键选择尖顶工具抓取位置的中心点,如图 5.10 所示。

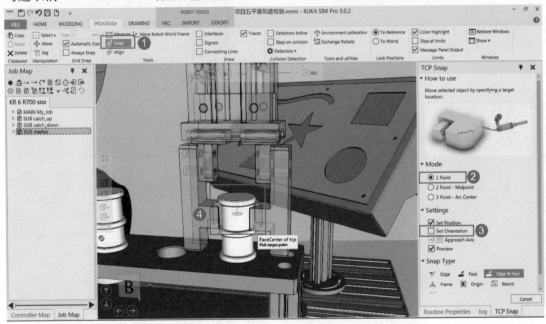

图 5.10　修改抓取和放置程序

②右键单击"Touch Up Point",将 P1 点位置示教为当前位置,如图 5.11 所示。

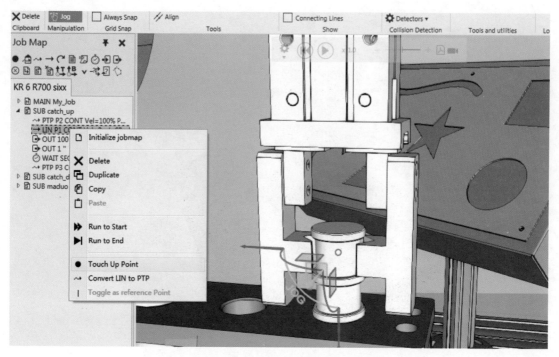

图 5.11　更新抓取点位置

③将工具坐标系升高到如图 5.12 所示位置,将 P2 点与 P3 点位置更新。

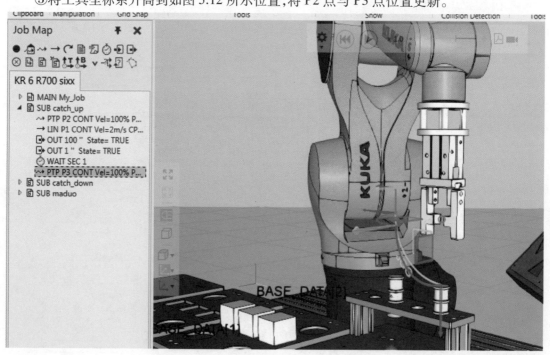

图 5.12　更新接近点位置信息

④按上述步骤将子程序"catch_down"中位置信息更新为放置吸盘工具的位置信息,如图 5.13 所示。

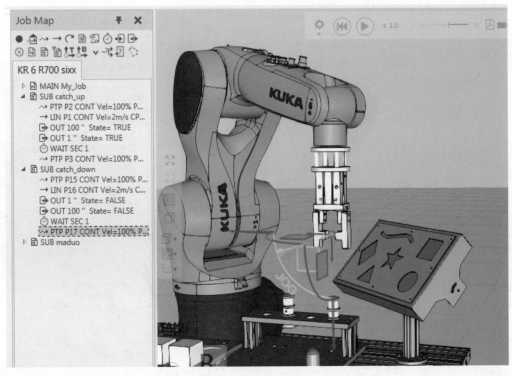

图 5.13　修改工具放置程序

4.3.5　创建轨迹规划平面工件坐标系

①将当前工件坐标系切换为第四工件坐标系"BASE_DATA[4]",单击右侧按钮进行编辑,如图 5.14 所示。

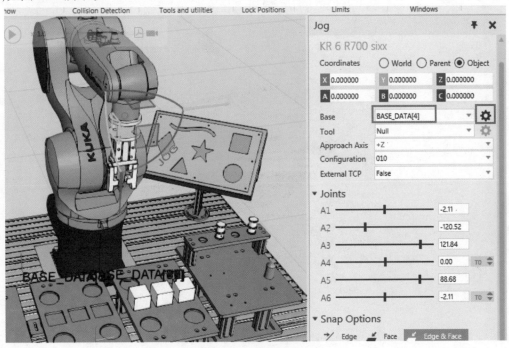

图 5.14　切换工件坐标系

②将类型切换为"Object",然后单击"Snap",如图 5.15 所示。

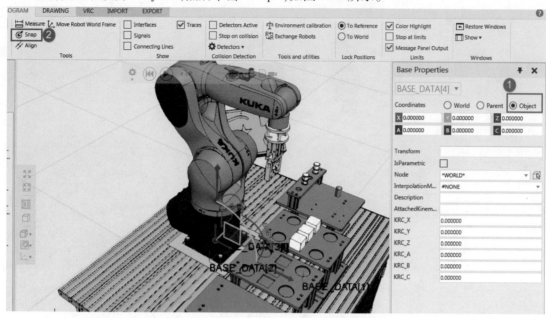

图 5.15 切换坐标系类型

③单击"1 Point"、勾选"Set Orientation",然后左键选择轨迹规划模块斜面的左下侧边角点,如图 5.16 所示。

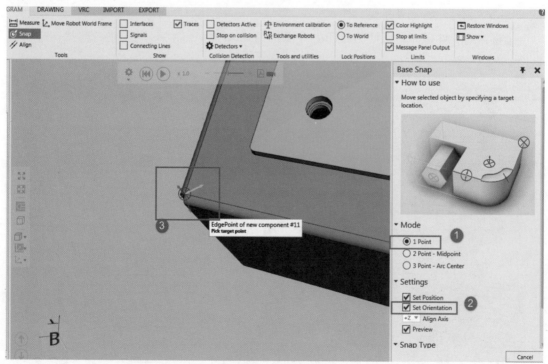

图 5.16 选取工件坐标系原点

④手动调节使坐标系 X、Y 轴沿向平面边线方向,最后单击右下角"Jog"保存,如图 5.17 所示。

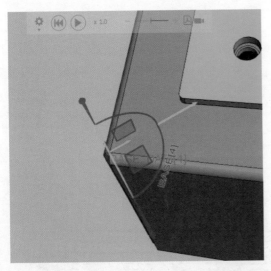
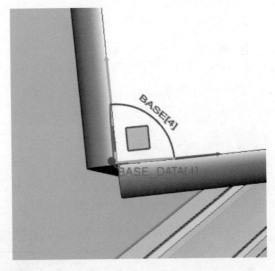

图 5.17　新建工件坐标系

⑤打开显示选项,勾选工件坐标系即可查看,如图 5.18 所示。

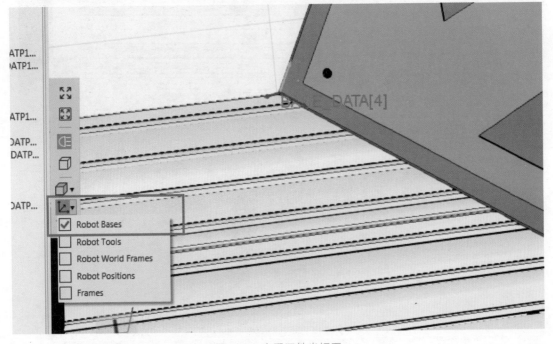

图 5.18　查看工件坐标系

4.3.6　编辑轨迹规划子程序

(1)对现有程序进行清理,如图 5.19 所示。

(2)单击运行程序,工具抓取程序运行完成后暂停程序,如图 5.20 所示。

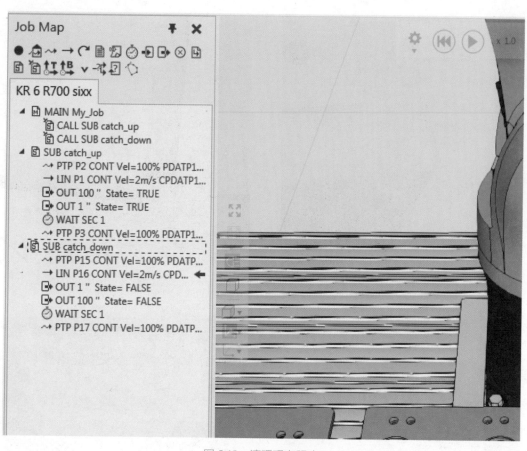

图 5.19　清理现有程序

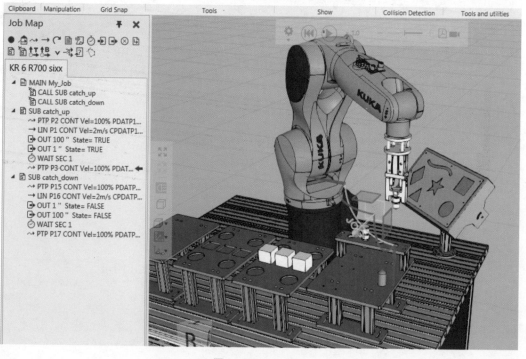

图 5.20　运行程序

（3）将机器人调整至如图 5.21 所示姿势，添加 PTP 运动指令，记录该点作为过渡点。

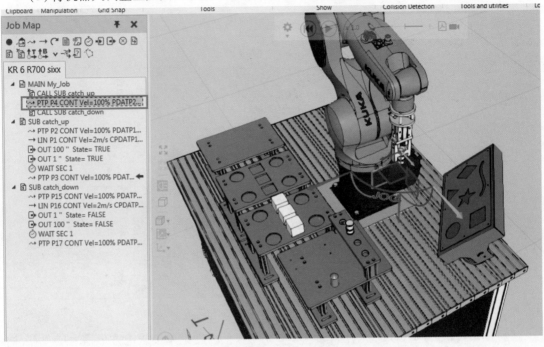

图 5.21　添加过渡点

（4）单击添加第一个轨迹子程序"fangxing"（方形轨迹），如图 5.22 所示。

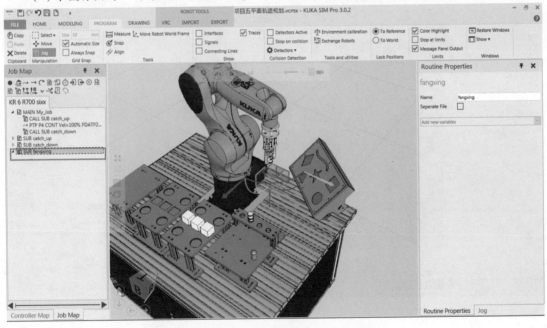

图 5.22　新建方形轨迹子程序

（5）将当前工件坐标系切换为第四工件坐标系，工具坐标系切换为第二工具坐标系，如图 5.23 所示。

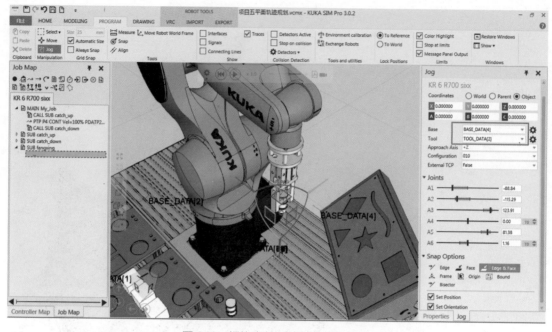

图 5.23　切换当前工件和工具坐标系

（6）单击"Snap""1 Point"，勾选"Set Orientation"，最后左键单击选定方形槽上层角点，如图 5.24 所示。

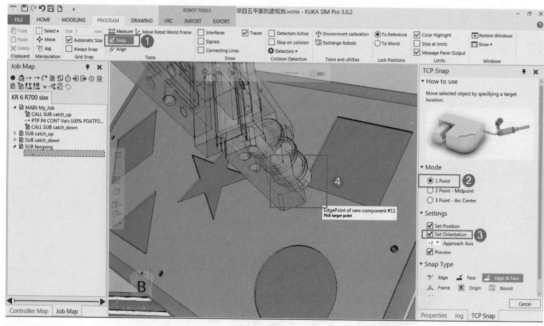

图 5.24　选取轨迹第一点

（7）单击添加到此点的直线运动指令，如图 5.25 所示。

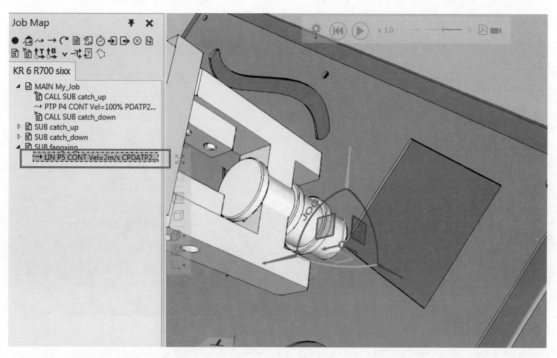

图 5.25　添加直线指令

（8）沿 Z 轴拖动 TCP 使其垂直于轨迹规划表面并升高至如图 5.26 所示位置，单击添加 PTP 运动指令并拖曳至程序开头。

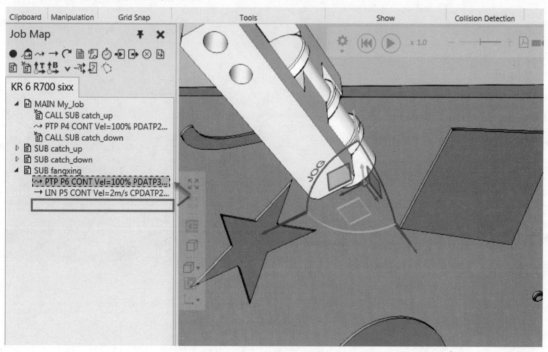

图 5.26　添加接近点指令

（9）用"Snap"捕捉法添加其余几点的直线指令并复制接近点（P6）指令置于程序最后，如图 5.27 所示。

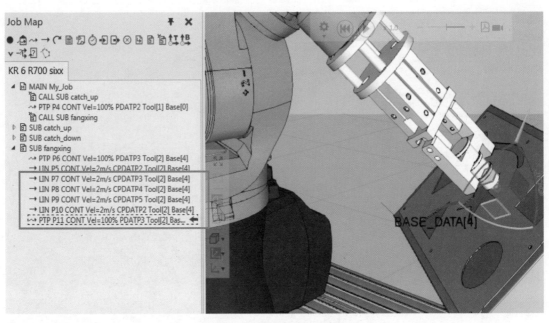

图 5.27 添加方形轨迹其余指令

（10）对子程序中的速度进行调整，至此方形轨迹程序编写完成，如图 5.28 所示。

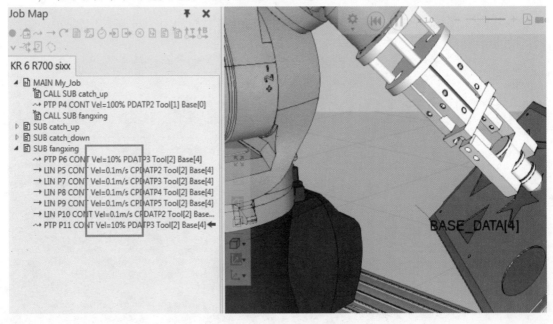

图 5.28 修改指令中的速度

（11）根据方形轨迹程序编辑步骤，编写出菱形轨迹的程序，如图 5.29 所示。

（12）单击添加圆形轨迹子程序，如图 5.30 所示。

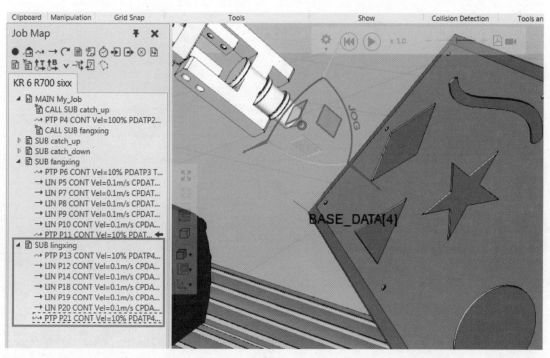

图 5.29　编辑菱形轨迹程序指令

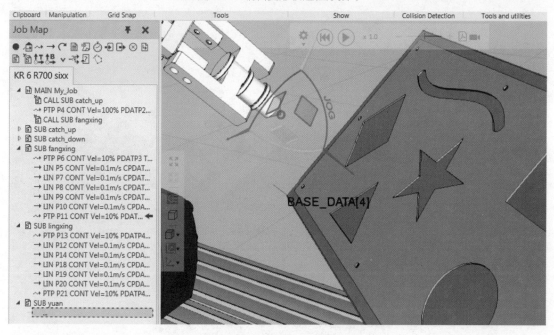

图 5.30　新建圆形轨迹子程序

（13）单击"Snap""1 Point"，选取圆形凹槽上一点，单击添加至此点的直线运动指令，如图5.31 所示。

（14）沿 Z 轴提起 TCP 至如图 5.32 中所示位置，单击添加 PTP 运动指令并拖曳到子程序开头。

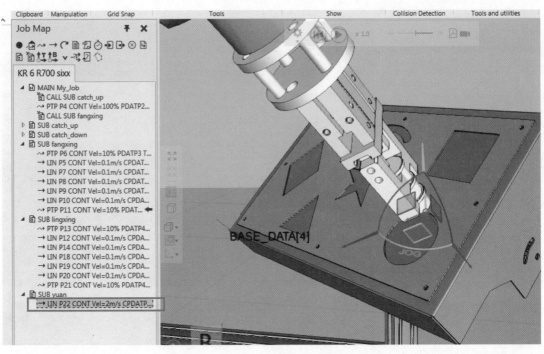

图 5.31　选取圆上一点添加直线运动指令

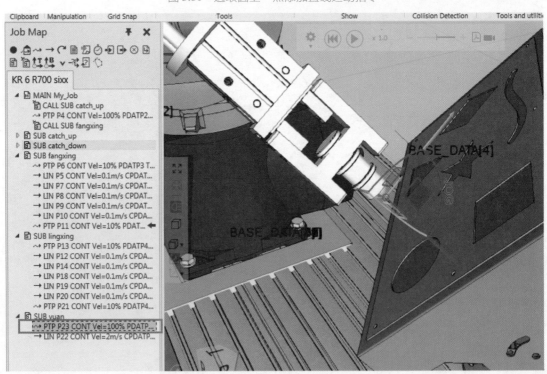

图 5.32　接近点指令拖曳到程序开头

（15）单击序号①按钮添加圆弧指令，如图 5.33 所示。

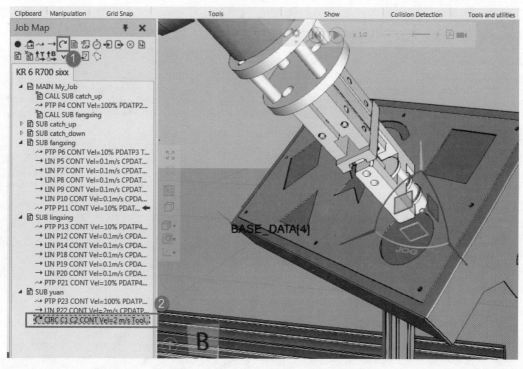

图 5.33　添加圆弧指令

（16）运用"Snap"功能选择圆上与起始点成 90°的 1/4 处的点（序号①），右键单击圆弧指令，单击序号②处选项记录圆弧中点，如图 5.34 所示。

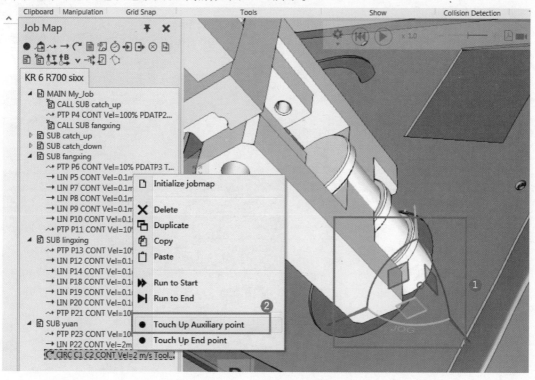

图 5.34　选取圆弧中点并示教

（17）运用"Snap"功能选择圆上与起始点成 180°的 1/2 处的点（序号①），右键单击圆弧指令，单击序号②处选项记录圆弧结束点，如图 5.35 所示。

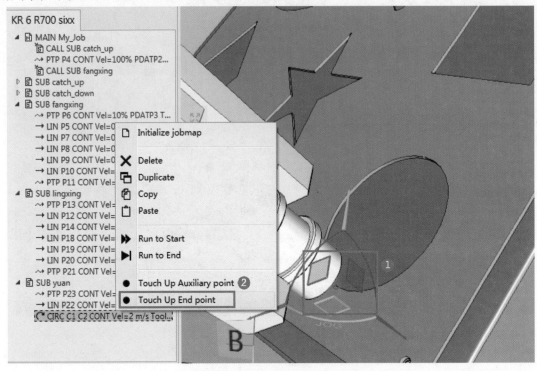

图 5.35　选取圆弧结束点并示教

（18）按上述步骤添加另一半的圆弧指令，如图 5.36 所示。

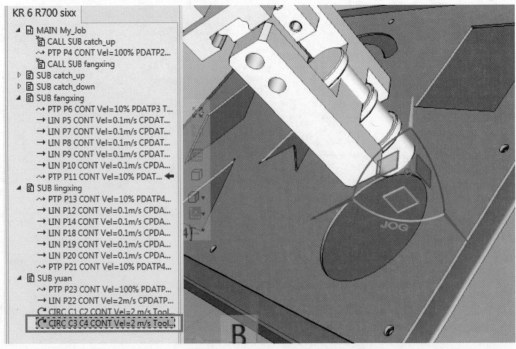

图 5.36　添加另一半圆弧指令

（19）复制粘贴接近点于程序末尾后将指令中的速度进行修改，即完成了圆形轨迹程序，如图 5.37 所示。

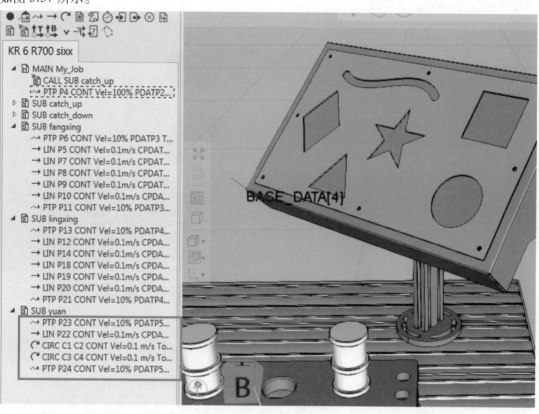

图 5.37 修改指令中的速度

（20）回到主程序中添加 3 种轨迹的子程序和工具放置程序，如图 5.38 所示。

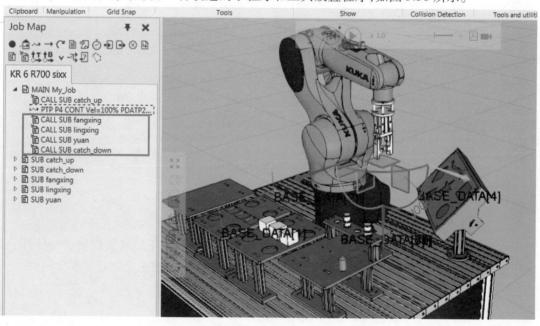

图 5.38 主程序调用轨迹程序

　　(21)用过渡点指令将轨迹子程序隔开并添加回到"Home"点的运动指令,即完成了整个轨迹规划程序,如图5.39所示。

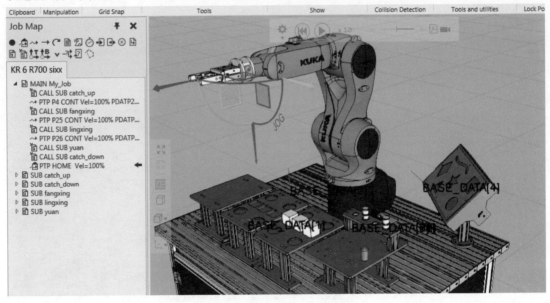

图 5.39　添加过渡指令

4.4　检查

　　在完成任务的前提下,参照表5.1,反思实施的过程中需要掌握的知识点有哪些,是否达到了合格标准? 总结在完成项目过程中遇到的问题并找出最后解决的方法,帮助加深记忆和总结经验。

表 5.1　要点检查

编号	需要掌握的知识点	合格标准
1	建立不常规角度工件坐标系	能熟练根据需要建立的工件坐标系的特点来选取点位和建立手法
2	灵活运用"Snap"捕捉功能	能根据选取目标的不同来设定对应的捕捉功能
3	圆弧指令编程	熟练添加和示教圆弧指令
4	指令速度单位的调节	根据不同的运动形式和机器人不同的工作情况调节指令速度

4.5　评估

　　本项目是基于基础工作站的项目,拥有单独的功能模块。由于该功能模块的特殊性,有利于学生更好地理解工件坐标系的理论知识和斜面工件坐标系的建立技巧。本项目重点突出,意义重大,综合评估可行性较高。

4.6　讨论

1.斜面建立工件坐标系与平面建立工件坐标系相比有什么区别？需要注意哪些问题？

2.主程序中分别调用了3种轨迹的子程序，每种轨迹中间添加了过渡点指令，该指令的意义是什么？

5　知识拓展

场景二维图转换如下所述。

KUKA SIM Pro软件不单单具有仿真和离线编程的功能，还能将场景中的工作站保存成二维图。具体操作步骤如下所述。

A.打开本项目工作站，单击"DRAWING"切换至绘图界面，如图5.40所示。

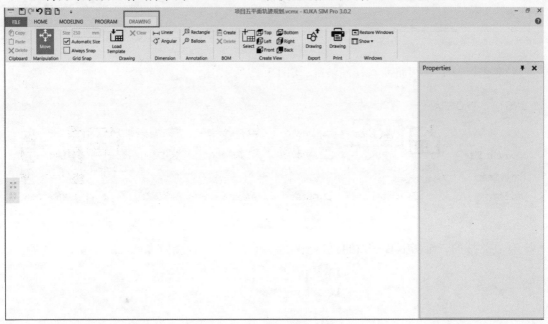

图5.40　DRAWING界面

B.单击图5.41中所示区域图标选择相应二维视图。

图5.41　二维视图图标

6种视图如图5.42所示。

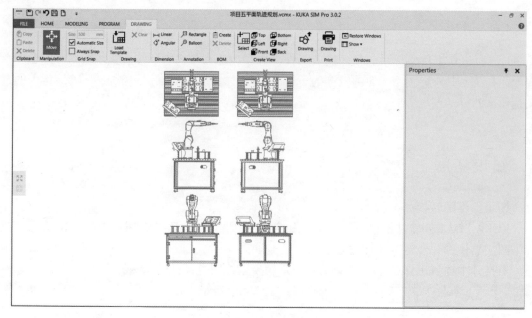

图 5.42 6 种视图

C.单击"Clear"即可将所有视图清除,如图 5.43 所示。

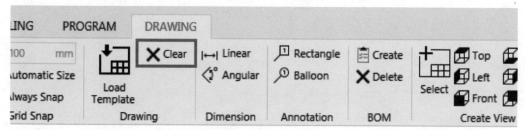

图 5.43 清除按钮

D.在生成的二维图上有平面的直角坐标系,可直接横向或竖向拖动视图,如图 5.44 所示。

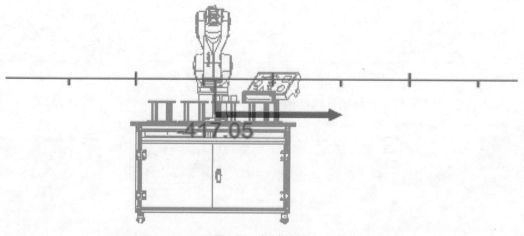

图 5.44 拖动视图

E.单击视图,在左侧属性栏中修改比例,如图 5.45、图 5.46 所示。

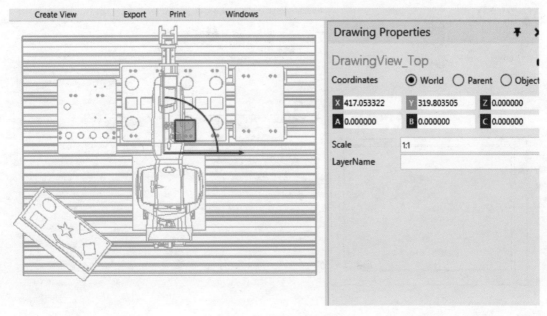

图 5.45　修改比例 1

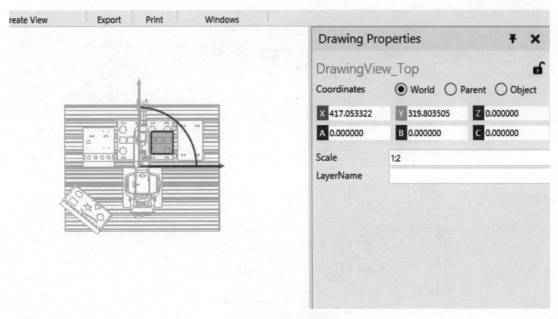

图 5.46　修改比例 2

F.单击序号①处"Load Template",在右侧弹出菜单中选择图框规格,最后单击"Import"添加图框(序号③),如图 5.47 所示。

G.单击"Linear"直线测量指令,单击选择视图中的两条直线,即可测量出它们之间的距离,如图 5.48 所示。

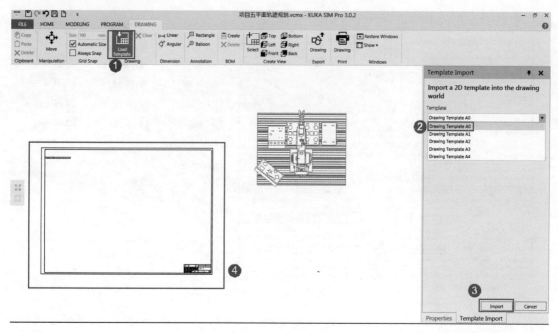

图 5.47　添加图框

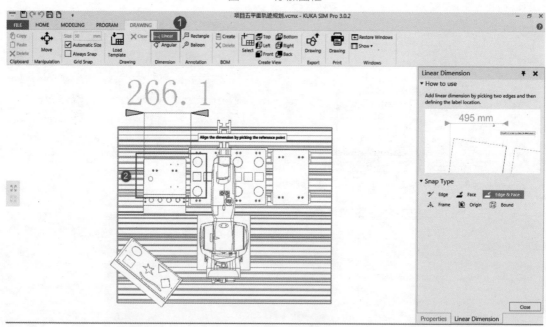

图 5.48　测量距离功能

H.单击"Angular"角度测量指令,单击选择视图中两条直线,即可测量出它们之间的角度,如图 5.49 所示。

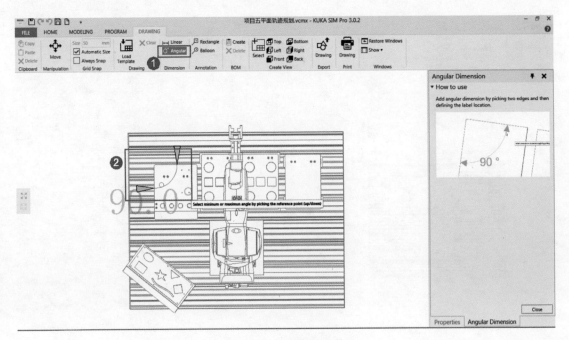

图 5.49　测量角度功能

I.单击"Rectangle"标注指令,再单击视图中某部件即可添加标注,如图 5.50 所示。修改标注内容如图 5.51 所示。

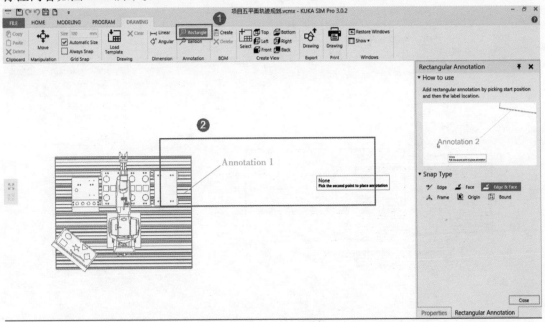

图 5.50　添加标注功能

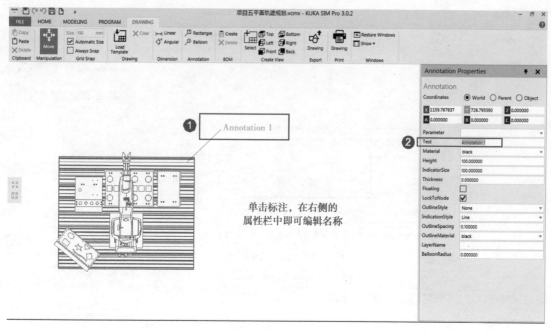

图 5.51　修改标注内容

J.单击"Balloon"序号标注指令,选择视图中某个部件,添加序号,添加成功后单击序号可对序号值进行修改,如图 5.52 所示。

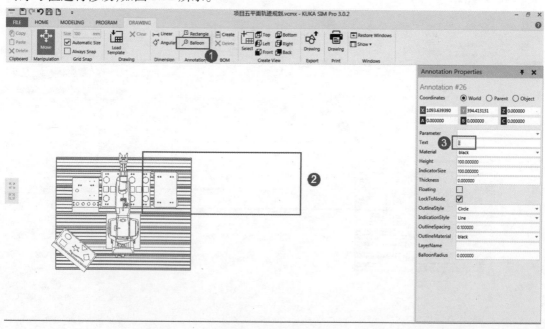

图 5.52　添加序号功能

K.单击序号①处"Drawing",在右侧弹出的菜单中选择保存的形式,根据需要可以选择PDF 或者 CAD 格式,最后单击"Export"选择保存位置,如图 5.53 所示。

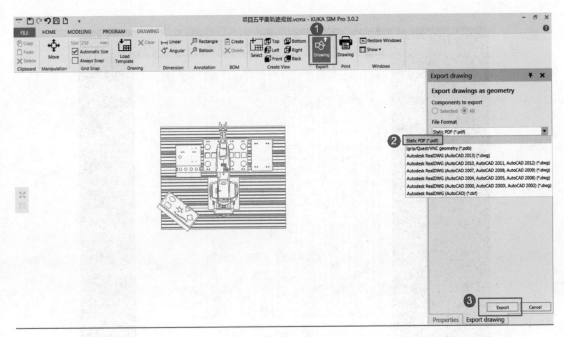

图 5.53　导出视图功能

选取导出位置如图 5.54 所示。

图 5.54　选取导出位置

L.单击打开导出的 PDF 文件,如图 5.55 所示。

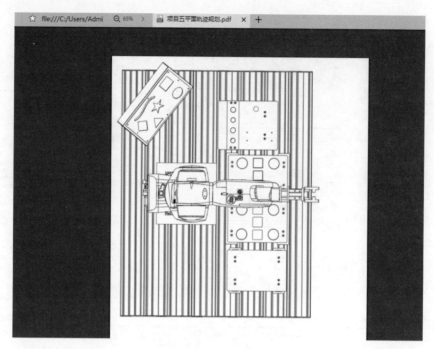

图 5.55　导出成功的 PDF 文件

项目六

机器人空间轨迹规划工作站

1 项目提出

本项目需要完成以 KUKA KR16_2 型号机器人为主体,安装焊枪工具并创建对应的工具坐标系,以正方体作为工件,示教运动指令编写加工轨迹,最终在带有非规则轨迹的工作台上实现机器人根据规划生成自动轨迹并仿真的任务,如图 6.1 所示。

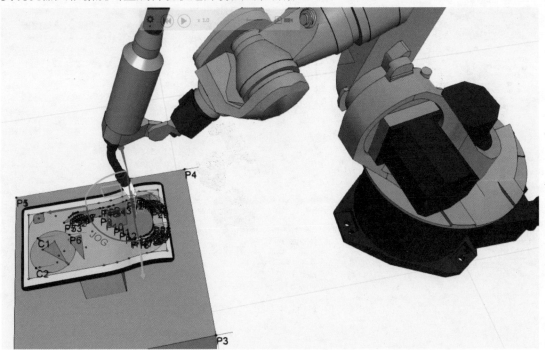

图 6.1 空间轨迹规划工作站

2 项目分析

本项目旨在运用 KUKA SIM Pro（工业机器人虚拟仿真软件）的基础功能，模拟仿真以 KUKA 机器人为主体，通过学习模型导入、布局工作站、创建工具坐标系、捕捉目标点、指令编程等基础操作，由浅入深，最终掌握虚拟仿真中机器人的轨迹规划和自动生成轨迹等应用。

在项目实施中需要注意以下两点：一是需要熟练掌握 SIM Pro 仿真软件的基础功能，熟悉 SIM Pro 软件的模型库和功能分类，以便于快速运用。即既要明白各个功能的应用效果，也要掌握其操作设置方法，才能够灵活运用。二是要在创建仿真工作站之前做出合理的规划和预期，同时解决仿真过程中遇到的问题并及时总结可行的方法。

3 必备知识

为了仿真场景建立的快捷和方便，SIM Pro 提供了机器人直接替换功能，当用户需要构建的仿真模型场景与已有的模型类似但机器人不同时，用户可以直接将机器人进行替换并进行相应的修改，节省仿真构建的时间，如图 6.2 所示。

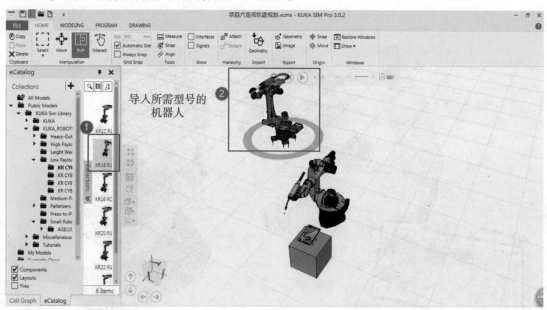

(a)

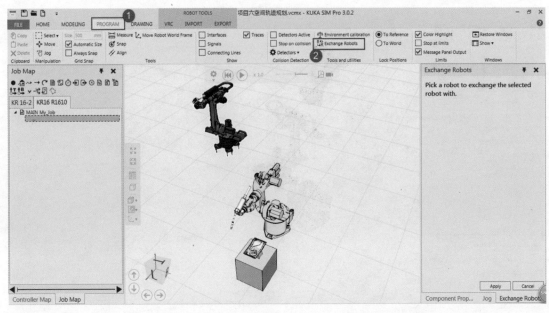

(b)

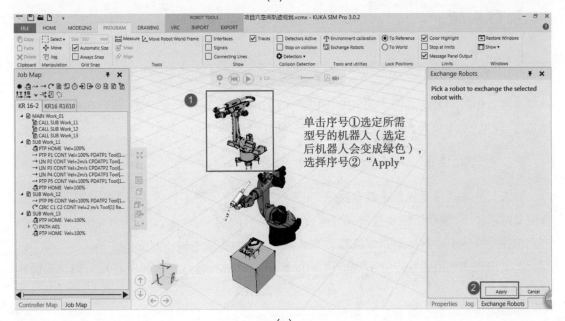

(c)

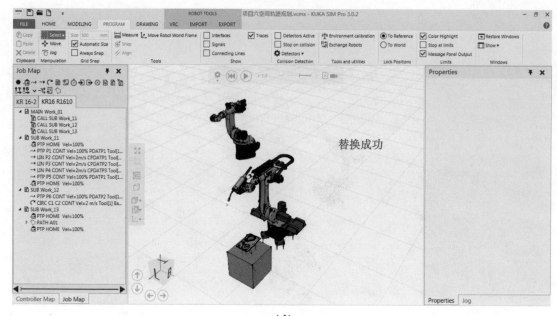

(d)

图 6.2　机器人替换

4　项目实施

4.1　资讯

本项目中所涉及的关于实际 KUKA 机器人的相关运动指令示教方法、指令参数及其运动原理等,详见《工业机器人基础编程与调试——KUKA 机器人》一书。

4.2　计划、决策

检查工作软硬件条件是否符合要求,安装软件时是否出现了目录文件丢失的情况。在条件完备的前提下,按照实施步骤独立完成。

①在正方体上示教运动指令以熟悉 SIM Pro 的基础功能和操作方法。

②实现机器人沿着特定且不规则轨迹生成的自动路径运行,并掌握所有相关的设置操作技巧。

③完成项目过程中需要掌握以下知识点:

a.Snap 捕捉功能用法。

b.运动指令示教。

c.创建子程序。

d.Path 指令的用法。

4.3 实施

4.3.1 导入机器人及其他部件

（1）在 KUKA SIM Pro 中，如图 6.3 所示添加机器人到场景中。

图 6.3　导入机器人

按图中序号①～④依次点开机器人目录选择机器人型号 KR 16-2。

按图中序号⑤双击或单击左键拖曳机器人图标，添加机器人到场景中。

（2）单击机器人可以查看或修改机器人参数，如图 6.4 所示。

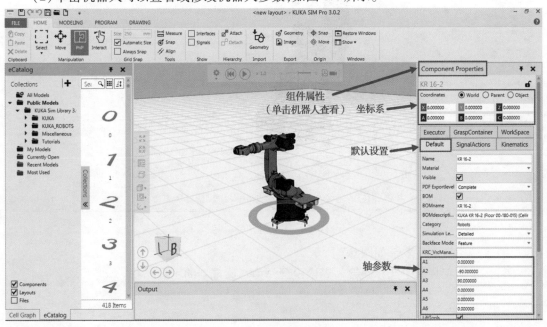

图 6.4　修改机器人参数

（3）支持在属性面板中修改轴的参数，也可以键入运算符号进行计算，单击回车键得出结果，如图 6.5 所示。

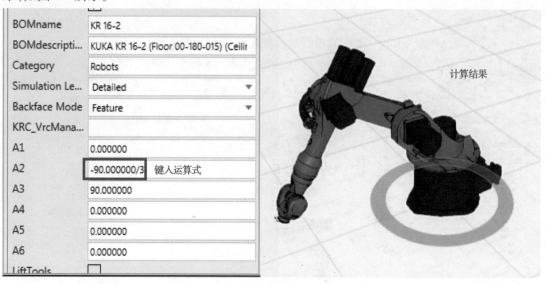

图 6.5　设置单轴参数

（4）拖动选项框右侧的滑条，移至下方去掉"LiftTools"和"Mountplate"两个勾选，移除附加装置，如图 6.6 所示。

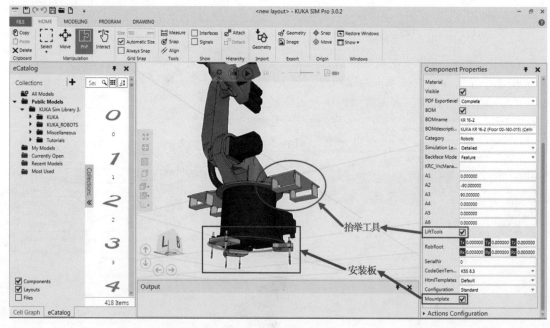

图 6.6　去掉多余的装置

（5）去掉勾选之后效果如图 6.7 所示。

（6）接下来在目录中选择并导入焊枪模型作为轨迹规划的工具，如图 6.8 所示。

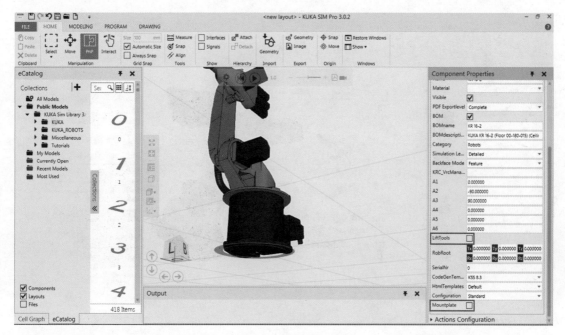

图 6.7　去除效果

图 6.8　导入焊枪模型作为工具

（7）利用"操作"工具"PnP"点到点移动，将焊枪移动空间位置，如图 6.9 所示。

（8）将工具安装到机器人法兰上的方法如图 6.10 所示。

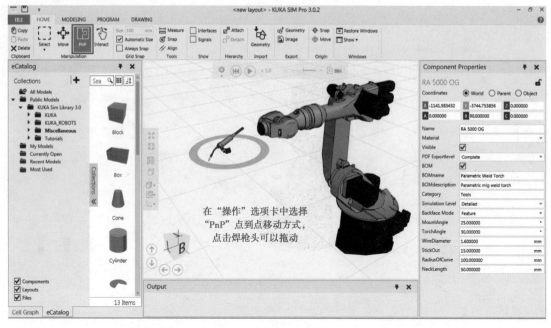

图 6.9   "PnP"点到点拖动操作

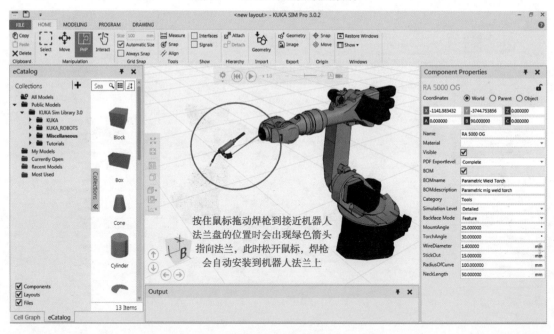

图 6.10   安装工具到机器人法兰

(9)使用"Interact"控制机器人进行单轴运动,观察焊枪是否跟随机器人移动,若是则表示安装到位,若否则重新以"PnP"定位,如图 6.11 所示。

(10)回到目录中选择一个方块,暂定为"工件",并导入场景中,如图 6.12 所示。

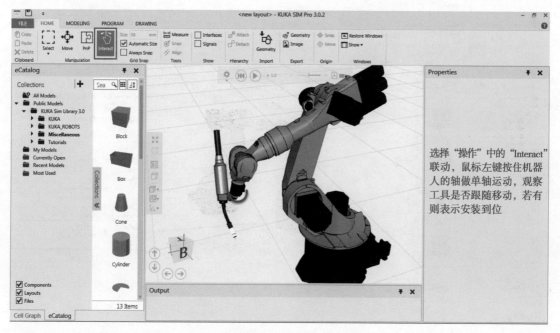

图 6.11 "Interact"单轴控制机器人

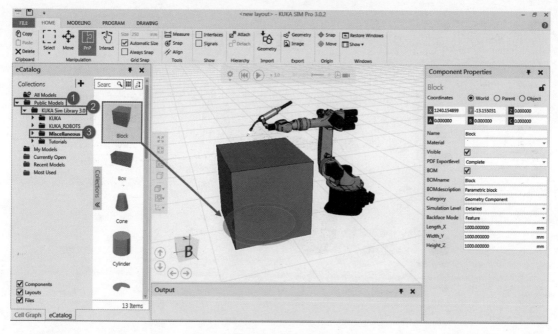

图 6.12 导入工件

（11）根据机器人的大小和工作站要求修改工件的尺寸，可以直接输入参数值；这里将正方体的长、宽、高参数设置为 500 mm，仅供参考，如图 6.13 所示。

（12）设置好工件的参数之后需要确定工件与机器人的相对位置是否摆放合理，确保不会超出机器人的工作范围，可以使用两种参考方式，以下是二维平面参考，如图 6.14 所示。

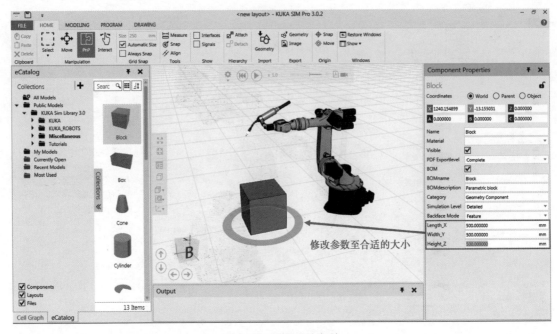

图 6.13　设置工件参数

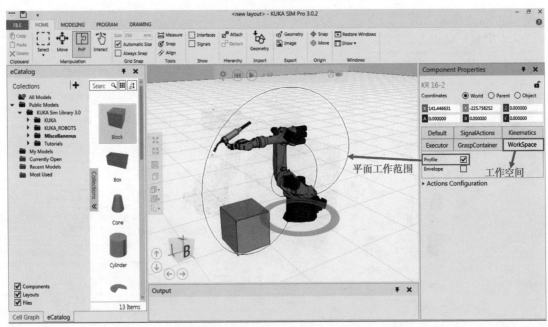

图 6.14　机器人二维平面工作范围

（13）如图 6.15 所示为三维立体空间参考，将工件移动至机器人工作区域内。

4.3.2　创建工具坐标

①创建工具必须在"PROGRAM"模式下才能进行，第一步先选定一个工具编号，然后单击齿轮图标进行进一步设置，如图 6.16 所示。

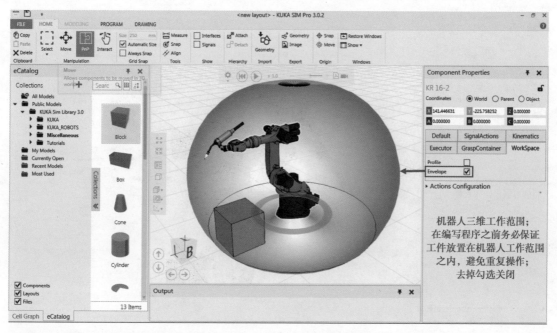

图 6.15　机器人三维立体空间工作范围

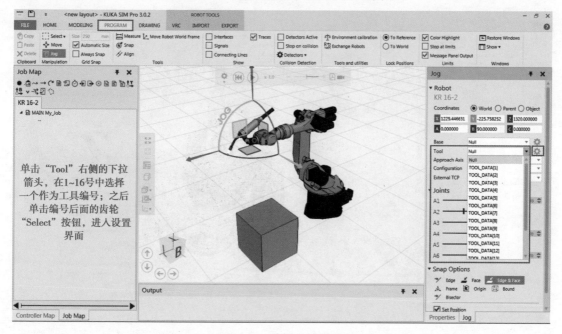

图 6.16　选择工具编号

　　②单击"Select"齿轮图标进入设置"TOOL_DATA[1]"工具坐标的界面之后,将焊枪工具前端放大,并单击"Snap"捕捉工具坐标原点,如图 6.17 所示。

　　③单击"Snap"捕捉工具之后,再选择一点法(默认),捕捉图例中的特征点(包含端点、中心点、圆心以及垂直点等)之后点选中焊枪前端的中心点,并将其设为工具坐标原点,如图 6.18 所示。

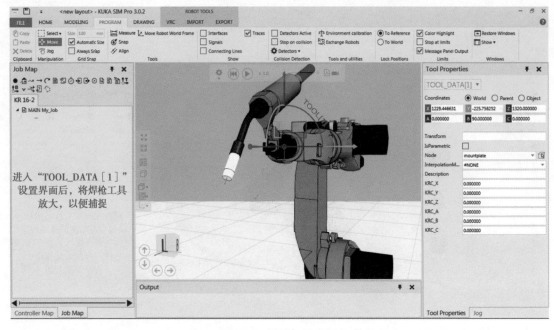

图 6.17　设置工具坐标

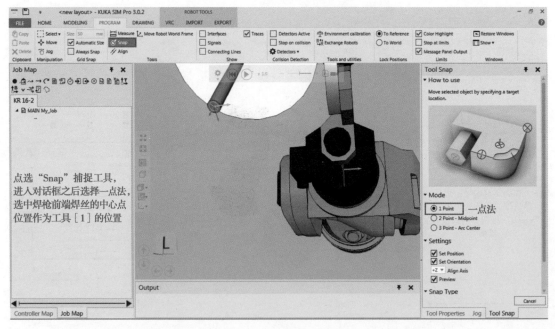

图 6.18　设置工具坐标原点

④设定位置后,可以观察到原来在法兰中心的坐标系移动到了焊枪前端,方向和大地坐标方向一致,此时要注意回到"Jog"对话框自动保存工具坐标,如图 6.19 所示。

⑤保存坐标之后,在"Jog"界面下可以进行机器人工具[1]TCP 的移动,拖动坐标系上的部件可以使机器人变换姿态,并进行 6 轴联动,如图 6.20 所示。

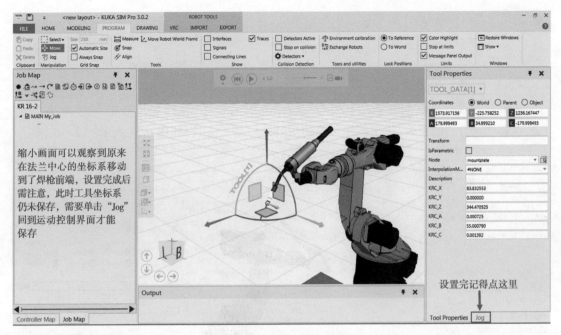

图 6.19　保存工具坐标

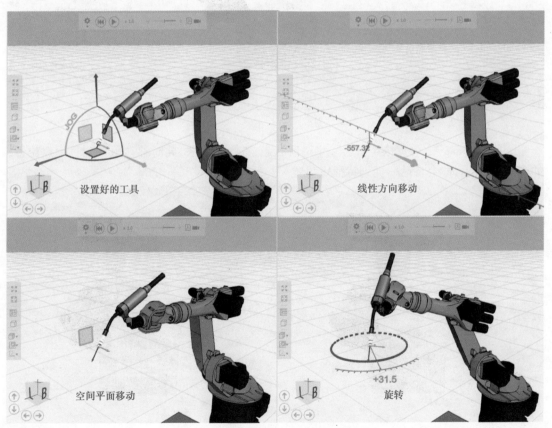

图 6.20　移动 TCP 位置操作

a.线性方向移动:以工具坐标系中心为原点,与大地坐标方向一致的轴向直线移动。

b.空间平面移动:以 3 个平面为基础,拖动面来使机器人运动。

c.旋转:以工具坐标系中心为原点,进行围绕原点的旋转运动,可自定义角度。

4.3.3 示教运动指令

①编写一段由起始点到工件上表面正方形轮廓的程序,在添加运动指令之前,需要将 TCP 点移动至合适的位置,这里依然可以使用"Snap"捕捉工具,如图 6.21 所示。

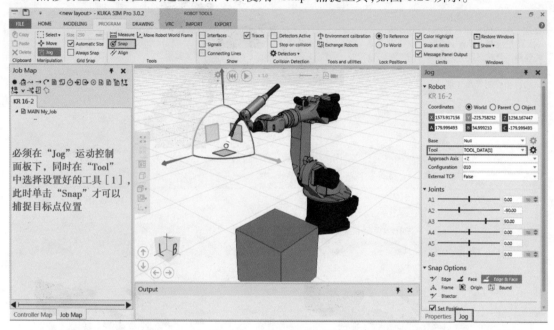

图 6.21　使用捕捉工具

②单击"Snap"之后焊枪工具会呈半透明状态,选择一点法,此时移动鼠标到目标点位置,如图 6.22 所示,即会自动捕捉到特征点位置。

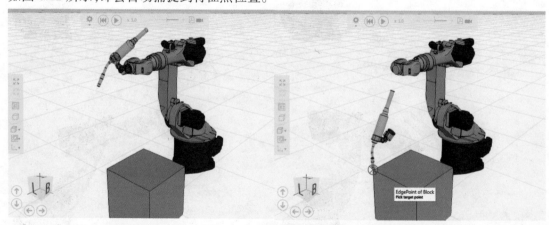

图 6.22　捕捉目标点位置

③捕捉到位置后单击鼠标跳转,机器人变换姿态到当前目标点位置姿态,然后单击"Job Map"中的"PTP"点到点指令按钮,添加一条运动指令到程序中,如图 6.23 所示。

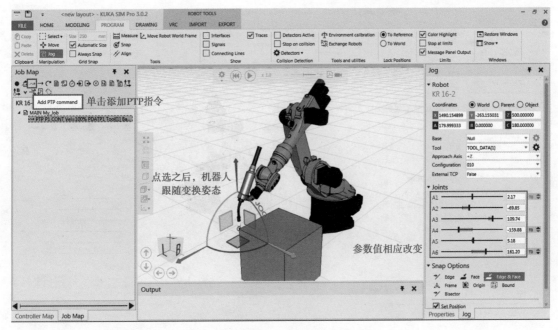

图 6.23　添加"PTP"指令

④若是对目标点的姿态不满意,还可以通过调整 TCP 坐标系来改变机器人的姿态,如图 6.24 所示。

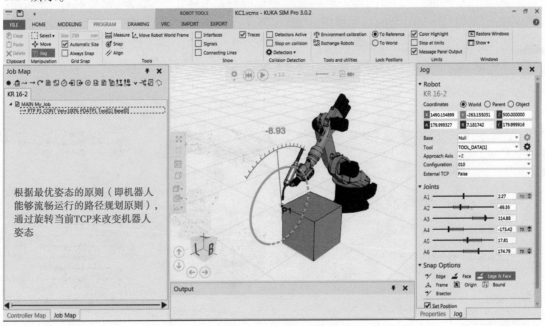

图 6.24　改变机器人姿态

⑤调整好姿态后,单击"Job Map"中的"Touch Up the PTP or LIN Point"重定位按钮,将新的位置参数添加到该条指令中,如图 6.25 所示。

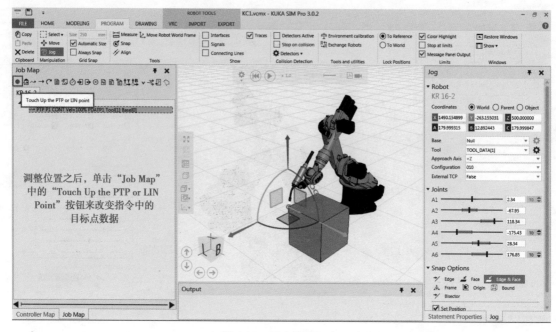

图 6.25　重定位目标点

4.3.4　运动指令编程

（1）编写一条完整的程序，即为机器人带焊枪沿着正方体上表面的外轮廓运行一圈的程序，首先是添加"HOME"点的指令程序，如图 6.26 所示。

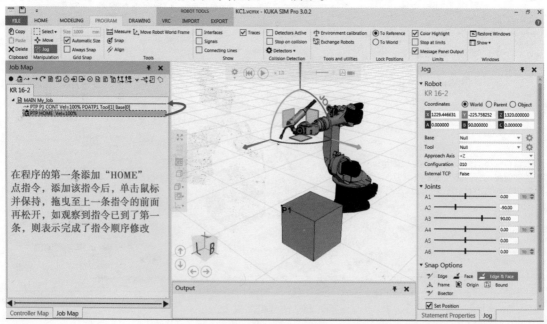

图 6.26　添加"HOME"点指令

（2）继续添加第二个角点的程序，注意示教指令前的 3 个步骤：①选择工具坐标系；②用"Snap"捕捉目标点；③添加指令。具体如图 6.27 所示。

图 6.27 添加 "LIN" 指令

（3）依次捕捉示教正方形的其他角点，如图 6.28 所示。

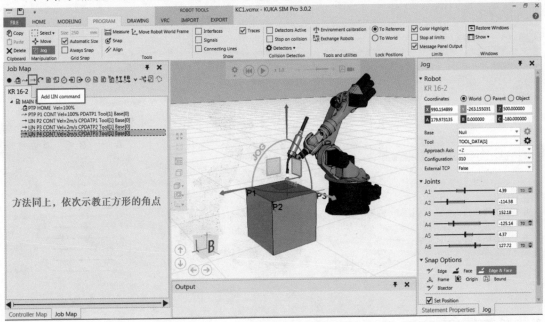

图 6.28 捕捉其他角点

（4）SIM Pro 支持对程序直接编辑，点选需要编辑的指令，右键弹出菜单，可以进行复制粘贴等文本操作，也可以进行重定位目标点或指令转换操作，如图 6.29 所示。

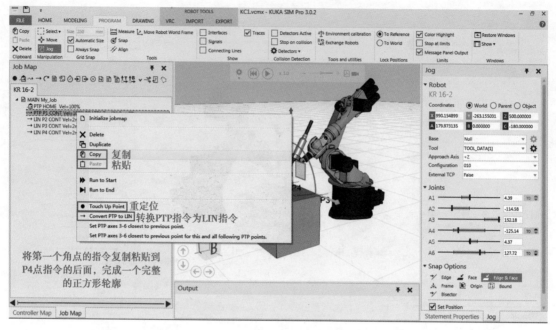

图 6.29 指令编辑

（5）粘贴之后会生成新的指令，目标点的编号变成 P5，注意将该指令转换为"LIN"指令然后再添加一条"HOME"指令，即完成程序，如图 6.30 所示。

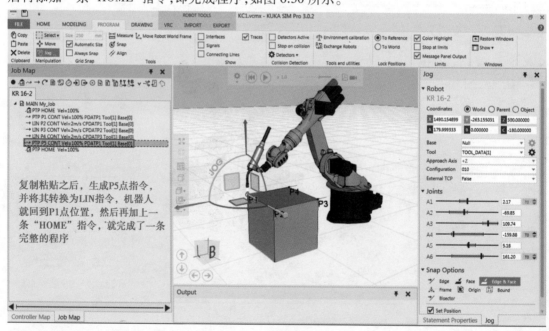

图 6.30 编写完整程序

4.3.5 创建子程序

（1）编写程序步骤：①点选主程序；②打开常规属性；③将程序的名称进行修改，修改之后按回车确定即可。这样可以方便辨别和记忆，如图 6.31 所示。

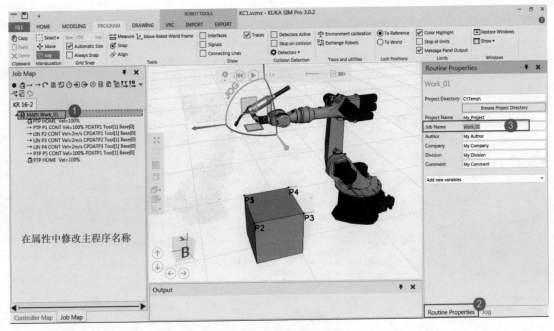

图 6.31　修改主程序名称

（2）为了便于检查、修改程序，通过创建子程序的方式模块化程序是必要的手段之一，在工作面板中找到添加子程序的按钮，并进行设置，如图 6.32 所示。

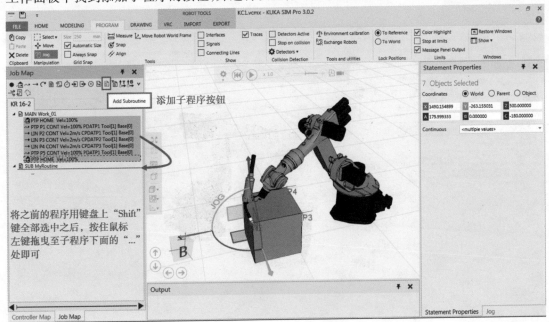

图 6.32　指令移动到子程序

（3）按照图中所示步骤①～③的顺序，同样点选子程序名，在常规属性中修改子程序名称，如图 6.33 所示。

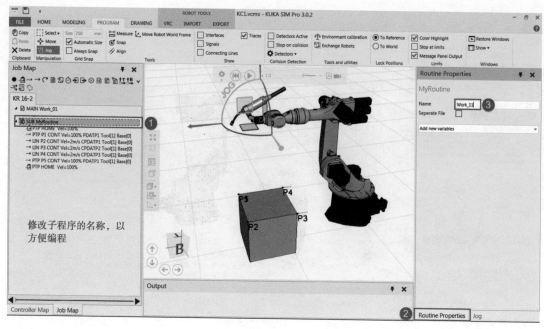

图 6.33　修改子程序名称

（4）修改好子程序之后，再进行下述步骤：①在主程序中添加调用该子程序的指令；②打开属性；③选择调用的子程序名称；④观察到程序改变为调用该子程序，就完成了子程序的创建，如图 6.34 所示。

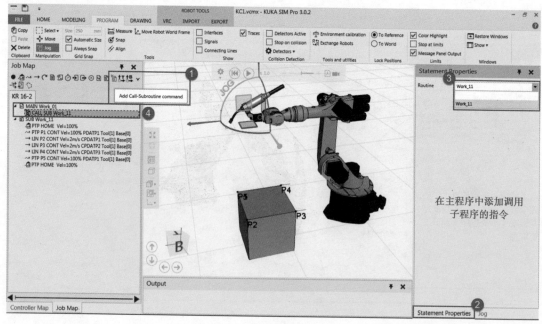

图 6.34　调用子程序指令

4.3.6　示教圆弧指令

（1）自动轨迹是在较为复杂的轮廓上自动生成机器人运行轨迹的，首先按照图 6.35 中所示的①～⑤的步骤逐级打开目录查找并导入一个工作台，工作台属于软件内置模型。

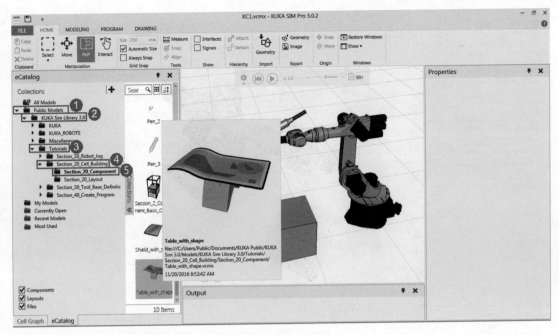

图 6.35　导入工作台

（2）将工作台放置在正方体的上表面，为了方便，可以直接修改位置参数，如图 6.36 所示。

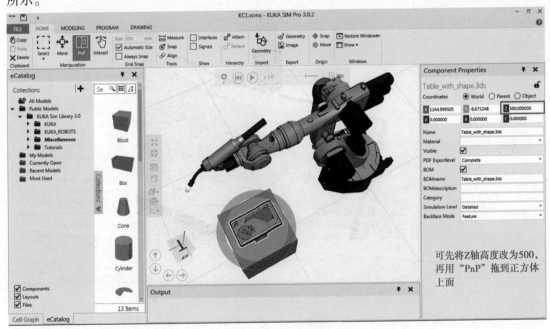

图 6.36　设定位置

（3）创建一个子程序并在主程序中添加调用指令，如图 6.37 所示。

选择工作台中的圆弧形状上的点作为起始点，并以"PTP"指令示教该点。①选择工具为工具[1]；②用"Snap"捕捉目标点；③单击"PTP"指令按钮，添加指令，如图 6.38 所示。

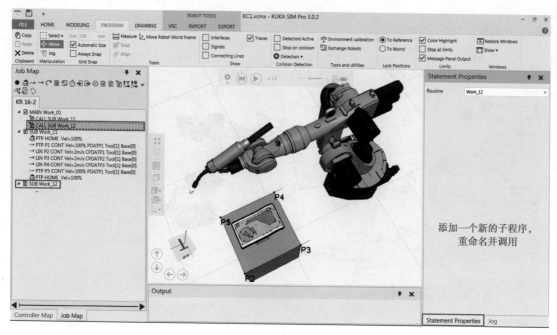

图 6.37　创建子程序

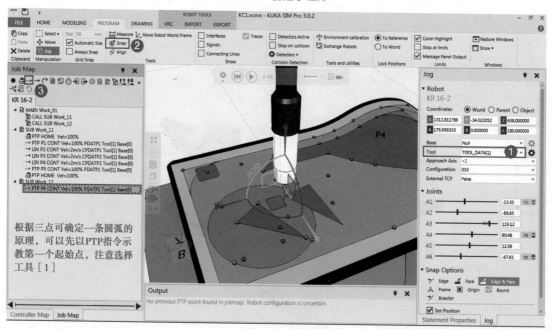

图 6.38　示教圆弧起始点 PTP 指令

（4）在程序中添加一条"CIRC"圆弧指令，注意在工具[1]下添加，如图 6.39 所示。

（5）利用"Snap"捕捉辅助点 C1 辅助点位置，然后在"CIRC"圆弧指令中重新定位，如图 6.40 所示。

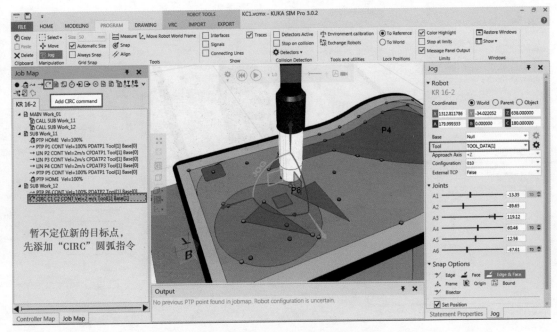

图 6.39　添加"CIRC"圆弧指令

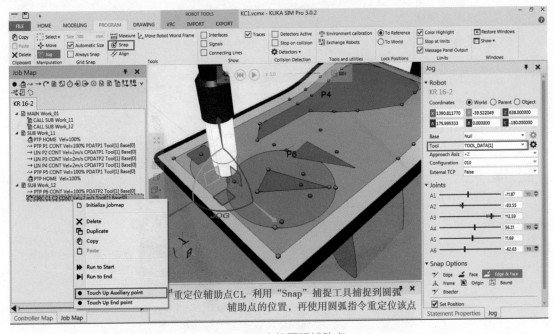

图 6.40　定位圆弧辅助点

（6）利用"Snap"捕捉辅助点 C2 结束点位置，然后在"CIRC"中重新定位，此时圆弧指令就示教完成，如图 6.41 所示。

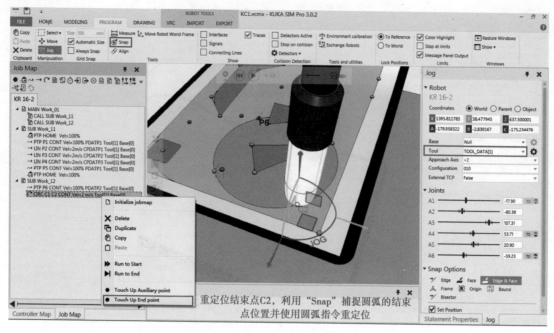

图 6.41   定位圆弧结束点

4.3.7   创建自动轨迹

（1）首先创建一个子程序，并在主程序中调用，如图 6.42 所示。

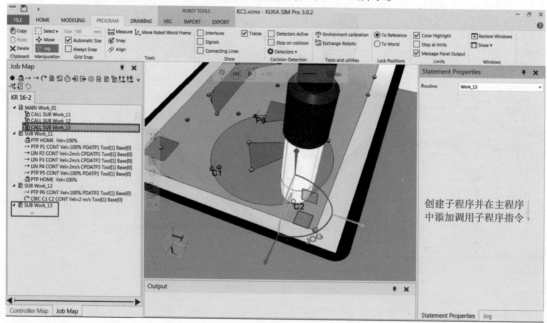

图 6.42   创建子程序

（2）单击按钮添加"Path"路径指令，注意图 6.43 中关于使用方法的提示。

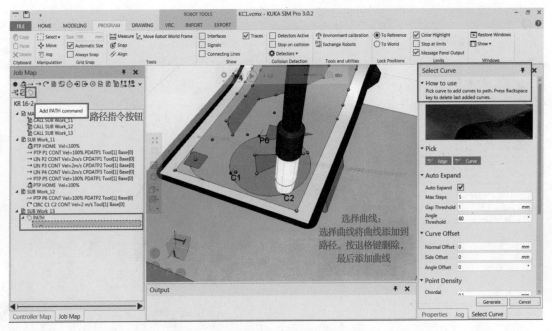

图 6.43　添加"Path"路径指令

（3）在选择工具[1]的前提下,按照图中所示步骤①～③逐级选择目标点 Z 轴正方向对齐模式,在便于捕捉曲线的同时也避免了在运行过程中出现工具以及机器人的姿态错误甚至工件发生碰撞的情况,如图 6.44 所示。

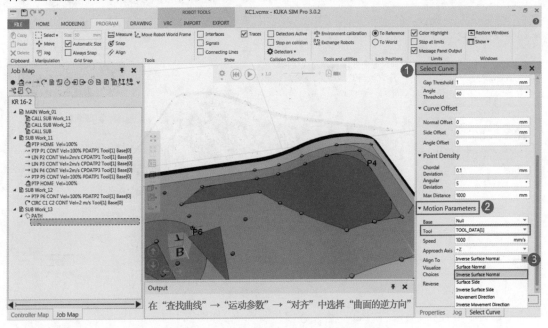

图 6.44　选择目标点 Z 轴正方向对齐模式

（4）选择曲线时采取分段选定的方式,每段方向一致,注意调整工具 Z 轴正方向(即蓝色箭头)至朝下方向,对应的是工具[1]Z 轴的空间方向与工作表面法线平行且方向相反,如图 6.45 所示。

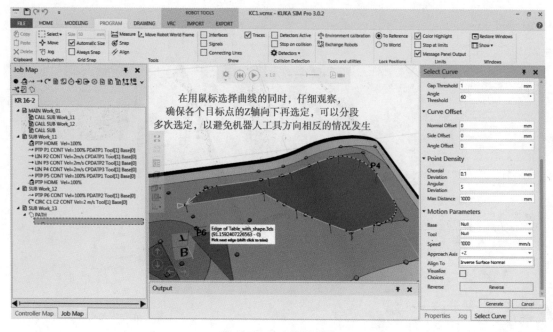

图 6.45 选定轨迹曲线

（5）选定好方向后，单击"Generate"生成路径轨迹，如图 6.46 所示。

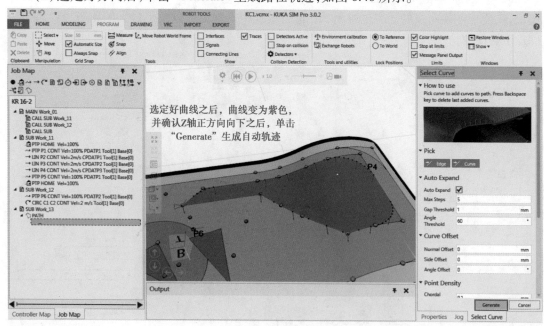

图 6.46 生成自动轨迹

（6）为了方便辨别，可将"Path"路径程序进行命名，如图 6.47 所示。

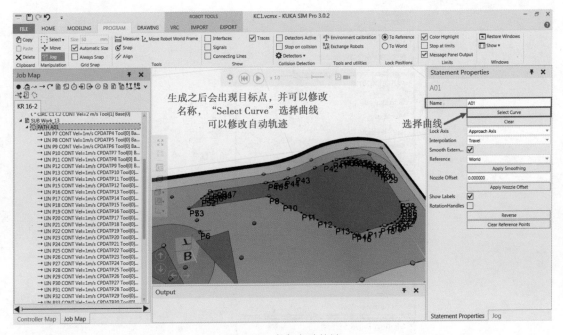

图 6.47　命名自动轨迹

（7）为子程序的首尾添加"HOME"指令，完善程序结构并运行检验是否有误，如图 6.48 所示。

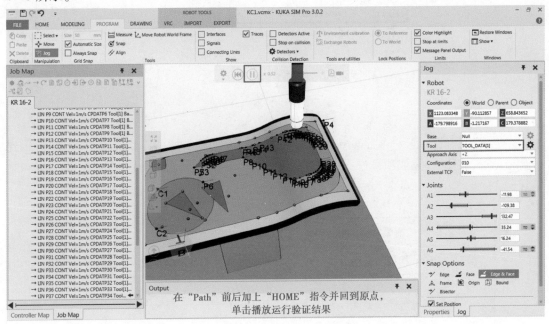

图 6.48　完善程序并运行检验

（8）若生成的曲线不理想，可以通过设置"Path"指令参数来改善生成的轨迹，如图 6.49 所示。

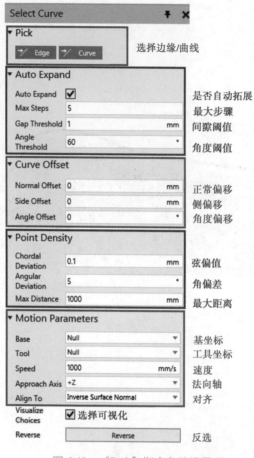

图 6.49　"Path"指令参数设置项

4.4　检查

在完成任务的前提下,参照表 6.1,反思实施过程中需要掌握的知识点有哪些,是否达到了合格标准? 总结在完成项目过程中遇到的问题并找出最后解决的方法,帮助加深记忆和总结经验。

表 6.1　要点检查

编号	需要掌握的知识点	合格标准
1	Snap 捕捉功能用法	熟练常用捕捉功能的设置
2	运动指令示教	熟悉 PTP、LINE、CIRC 指令的用法
3	创建子程序	熟练创建子程序的方法
4	Path 指令的用法	根据复杂曲线创建合理的运动轨迹

4.5　评估

本项目不再采用基础工作站,而是利用系统模型库中的路径规划模型来实现空间路径的自动选取。根据实施中的内容按图索骥,不难验证运用软件基础功能实现机器人从导入到生成自动轨迹的任务是切实可行的。

但这并不是最优解,仍有操作步骤可以进一步优化,比如生成的自动轨迹不理想,导致机器人运行出错或是与工件有碰撞,此时可以采取调整"Path"指令参数的措施来调整轨迹,使机器人进行平滑的轨迹运动等。将优化的方式方法加以总结,就是最好的进阶手段。本项目不仅能使学生可以清晰学到空间轨迹规划的思路和方法,还留下了一个改进的空间,以激发学生的学习兴趣去不断思考。综合评估,可行性较高,意义深远。

4.6　讨论

1.如何判定自动轨迹选择曲线是否合理,不合理的轨迹会造成什么后果? 有什么方法可以补救?

2."Path"指令可以实现在相交或是平行的两个或是多个平面上生成一条完整的曲线轨迹吗? 具体的操作步骤是什么? 请简要叙述。

5　知识拓展

场景效果设置如下所述。

①打开本项目工作站,如图 6.50 所示。

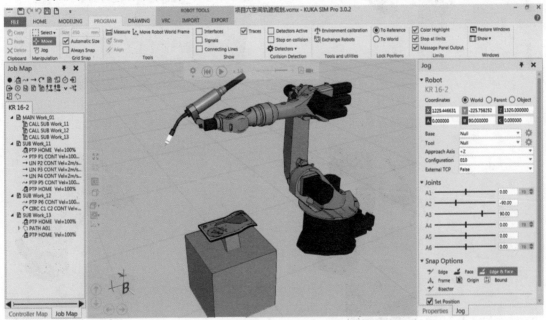

图 6.50　打开本项目

②将场景放大后,单击图中全局显示按钮,可将场景缩小至所有模型都在视野中,如图 6.51 所示。

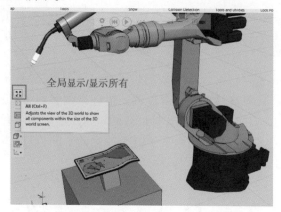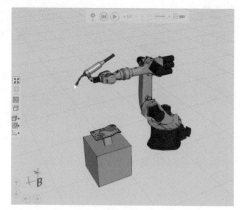

图 6.51　全局显示

③将场景缩小,单击场景中的一个模型,然后单击局部放大按钮,即可局部放大所选中的模型,如图 6.52 所示。

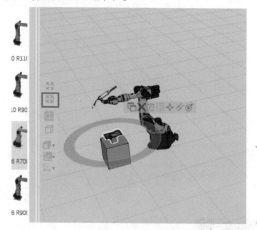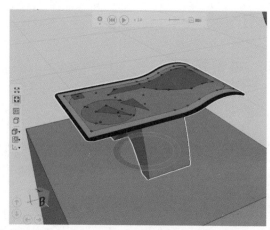

图 6.52　局部放大

④单击第三个按钮(高光按钮),切换场景中灯光的微弱和高亮状态,如图 6.53 所示。

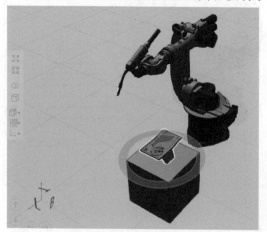

图 6.53　高亮状态切换

⑤单击第四个按钮,打开或关闭场景中的 3D 窗口,如图 6.54 所示。

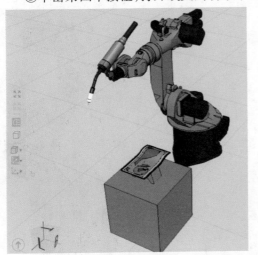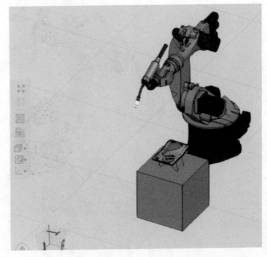

图 6.54　3D 窗口打开关闭

⑥单击第五个按钮,选择模型的效果,如图 6.55 所示。

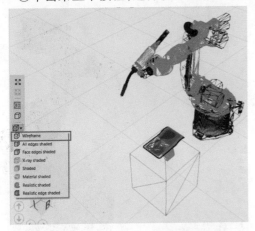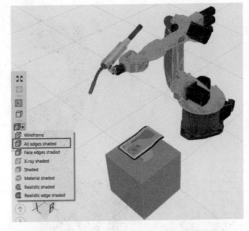

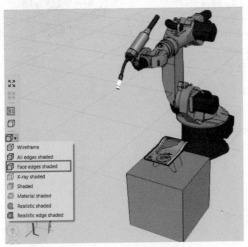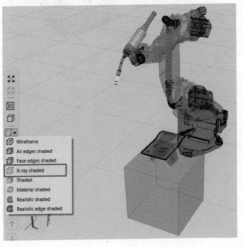

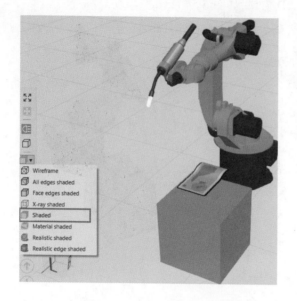
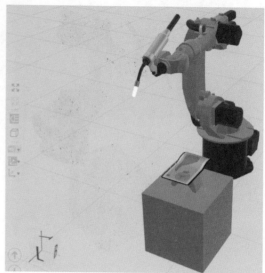
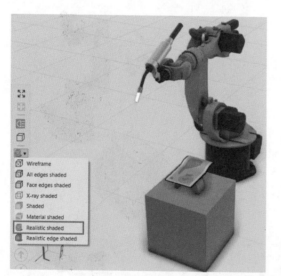
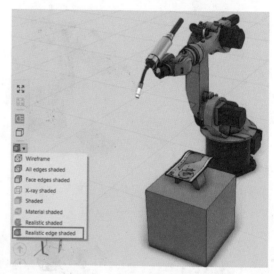

图 6.55　模型效果

項目七

双机协作综合工作站

1 项目提出

本项目将通过两台机器人构建一个双机协作进行搬运焊接的工作站。由搬运机器人一侧输出长方体工件,由传送带分为3个一组,搬运机器人将一组工件搬运到焊接台上,焊接机器人接着进行焊接操作,焊接完成后再由搬运机器人将焊好的工件搬运至另一侧传送带上流出焊接工序。双机协作工作站如图7.1所示。

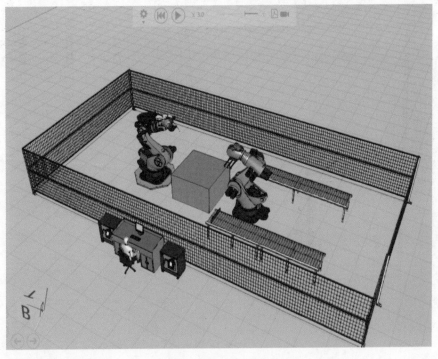

图 7.1　双机协作工作站

163

2 项目分析

本项目不再使用基础 KUKA 工作台,机器人数量也增加了 1 台,还导入了传送带等之前较少接触的外围设备,多种原因使得此项目综合性更强。要求学生对软件的熟练程度更高、工作站设计思路更严谨。

需要练习和了解的内容如下所述。

①外围设备(传送带、生成器、栅栏等)属性参数设置。

②IO 信号连接与设置。因为本项目的机器人与外围设备较多,所以在机器人与工具、机器人与机器人、机器人与传送带等设备之间的信号交互较多,所以 IO 信号的设置会更加复杂一些。

③程序编辑。整个工作站的工作内容较多,相应的指令和程序的数量会较多。对程序编辑的思路和技巧要求更高。

3 必备知识

模型显示与隐藏操作如下所述。

SIM Pro 软件为了在仿真编程时的方便以及场景设计的快捷,所有的模型都可以选择让其显示和隐藏。

如图 7.2 所示,机器人位于栅栏后方,单击选取机器人时很容易误选到栅栏模型上,那么此时用户可以将栅栏隐藏起来,使得用户在选取机器人进行其他操作时更加方便,从而节约时间。

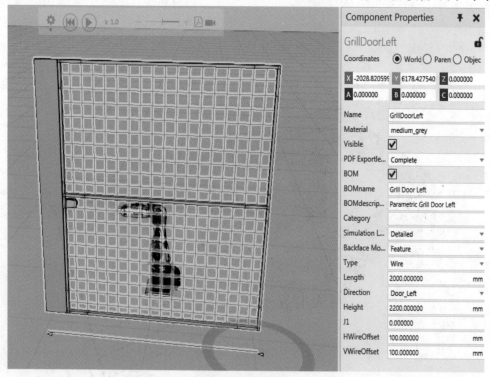

图 7.2　栅栏模型

　　单击栅栏模型,找到右侧其属性栏中的"Visible"选项,勾选取消此选项,该模型即会隐藏起来,如图7.3所示。

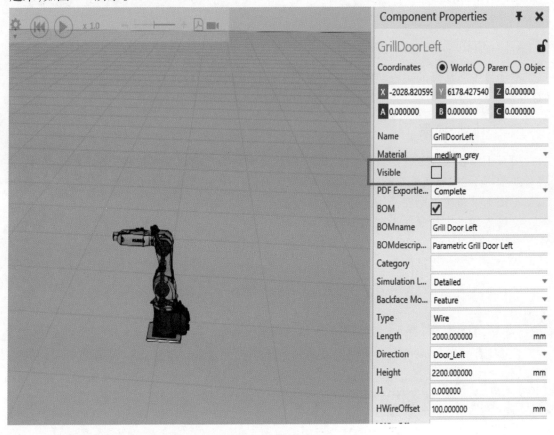

图7.3　隐藏模型

　　当工作结束,需要将栅栏显示出来时,用户可以切换至"HOME"界面,单击左上角"Cell Graph"栏,在模型树状图中找到栅栏模型,单击右侧的眼睛标志即可将其显示出来,也可以在此页面直接单击模型后的眼睛将未隐藏的模型进行隐藏,显示模型如图7.4所示。

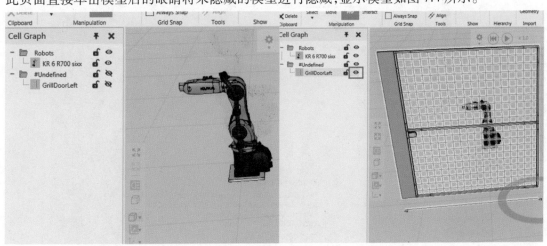

图7.4　显示模型

4 项目实施

4.1 资讯

本项目中所涉及的关于实际 KUKA 机器人的相关运动指令示教方法、指令参数及其运动原理等,详见《工业机器人基础编程与调试——KUKA 机器人》。

4.2 计划、决策

检查工作软硬件条件是否符合要求,安装软件时是否出现目录文件丢失的情况。在条件完备的前提下,按照实施步骤独立完成。

①提前准备项目所要使用的外围设备模型。

②导入模型进行属性设置与位置安装。

③IO 信号设置与连接。

④编辑搬运与焊接两部分程序。

4.3 实施

4.3.1 新建场景,导入搬运机器人及相关外围设备

(1)打开 SIM Pro 界面,将机器人及本项目所用到的其他设备依次导入场景中,如图 7.5 所示。

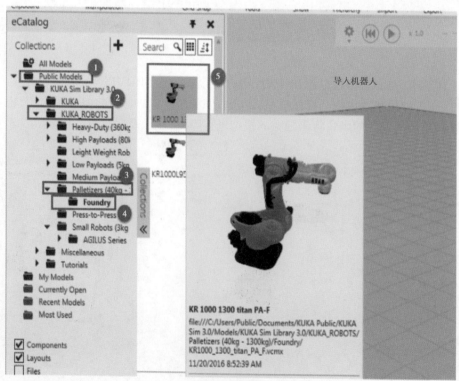

图 7.5 导入机器人

（2）导入终止传送带如图 7.6 所示。

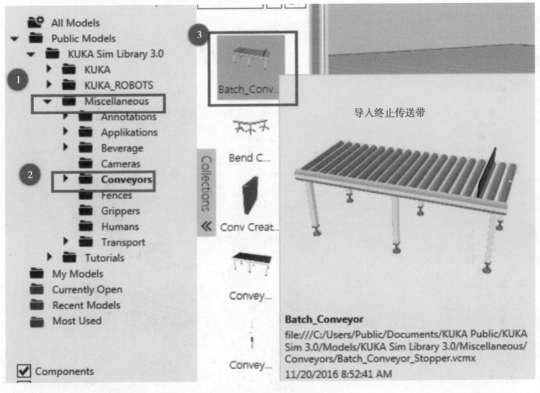

图 7.6　导入终止传送带

（3）导入生成器如图 7.7 所示。

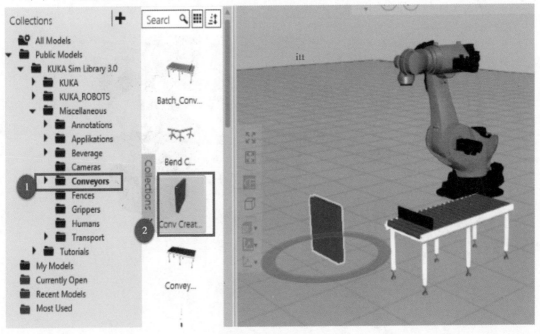

图 7.7　导入生成器

（4）导入直通式传送带如图 7.8 所示。

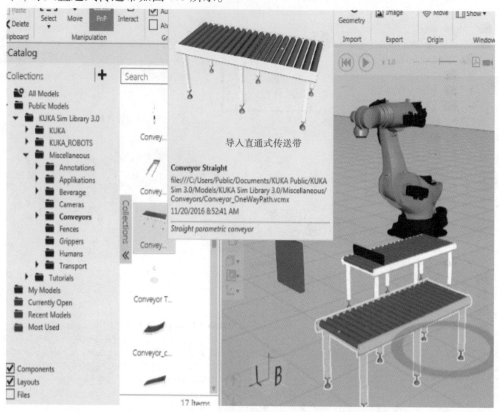

图 7.8　导入直通式传送带

（5）导入工件和工作台如图 7.9 所示。

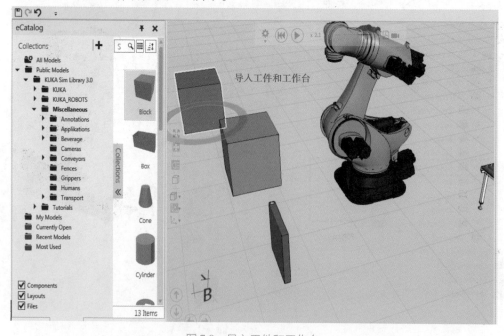

图 7.9　导入工件和工作台

4.3.2 模型配置及安装

（1）单击选择"Batch_ Conveyor"传送带，在右侧属性设置区（序号②）分别对"传送带长度""停留工件数量""截停"3个属性进行设置（序号③、④、⑤），如图7.10所示。

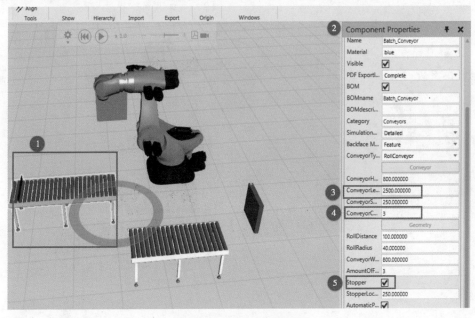

图7.10 配置传送带属性

（2）单击选择"Conveyor Straight"传送带，在右侧属性设置区（序号②）对"传送带长度"进行设置（序号③），如图7.11所示。

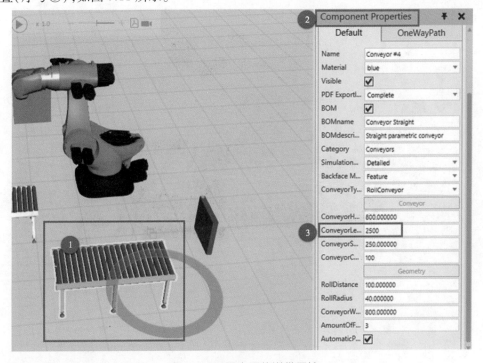

图7.11 配置直通传送带属性

（3）将序号①所代表的传送带"Conveyor Straight"用"PnP"移动接近序号②所代表的传送带"Batch_ Conveyor"，待出现序号③处绿色箭头指示，说明可以安装连接，继续靠近即可将两条传送带装配在一起，如图 7.12 所示。

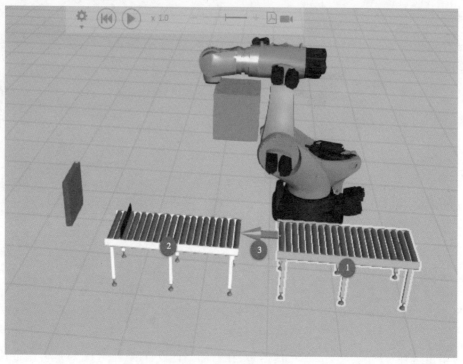

图 7.12　传送带连接

（4）将序号①代表的生成装置"Creator"移动至序号②所示传送带尾部，如图 7.13 所示。

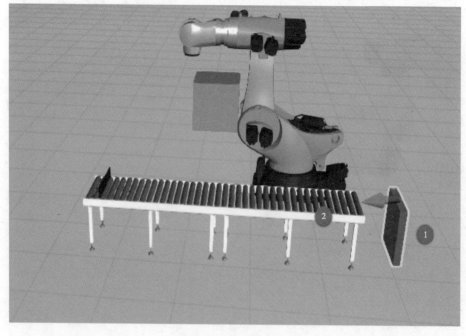

图 7.13　生成器连接

（5）单击选定箱子模型,在属性栏对"材料颜色""长、宽、高"进行设置(序号②、③),如图7.14所示。

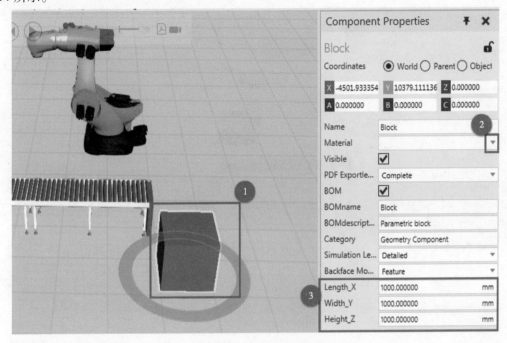

图7.14　设置工件属性

（6）设置工件参数如图7.15所示。

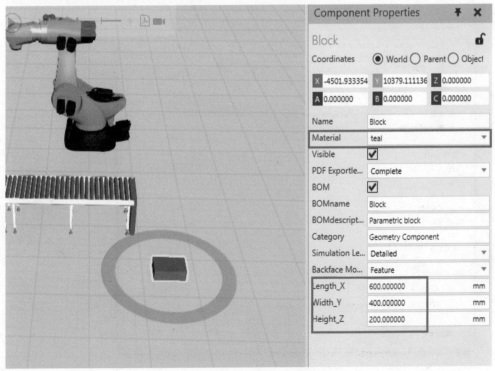

图7.15　设置工件参数

（7）单击选择设置好的箱子模型，切换至序号②"MODELING"界面，单击选择序号③"Save As"，然后选择弹出菜单中右下角序号④"Save As"，如图7.16所示。

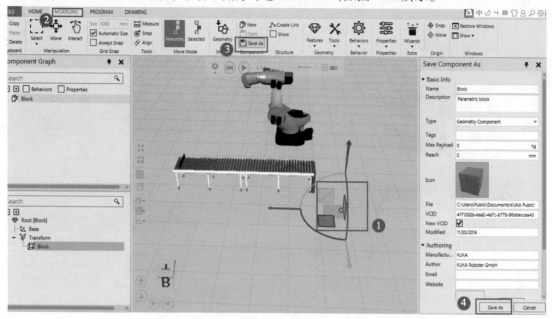

图 7.16　保存工件至模型库

（8）在序号①处选择模型保存位置，对模型进行重命名（序号②），单击保存，保存完成后删除现有场景中的此模型，如图7.17所示。

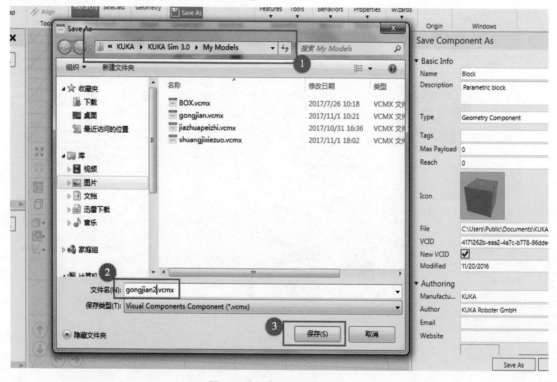

图 7.17　保存工件至模型库

（9）单击选择生成装置，在属性设置栏中单击选择序号②"Creator"，然后选择序号③处的添加按钮，在弹出的文件框中找到之前保存的工件模型，选定后单击打开进行添加，如图 7.18 所示。

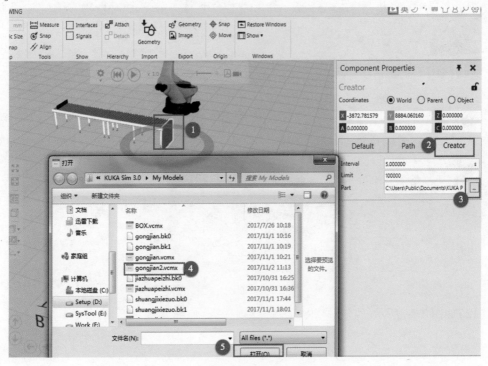

图 7.18　生成器设置

（10）单击序号①运行按钮，观察生成装置与传送带是否正常工作，如图 7.19 所示。

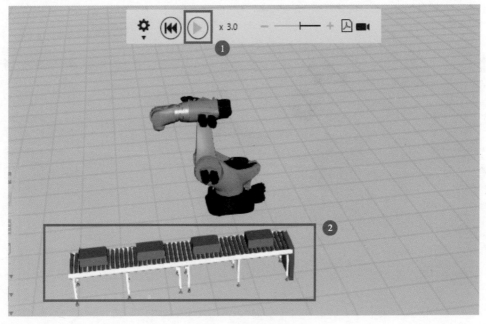

图 7.19　查看设置结果

（11）单击序号①"Default"将序号②处"Visible"选项取消勾选，将生成器进行隐藏，如图7.20所示。

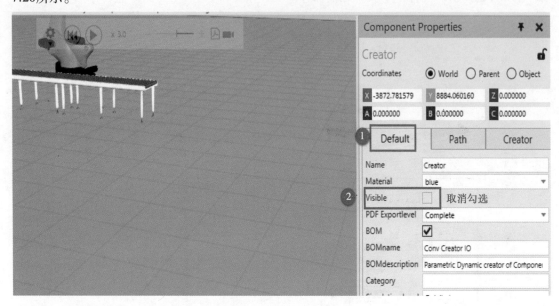

图 7.20　隐藏生成器

（12）如图 7.21 所示，将箱体参数重新设置。

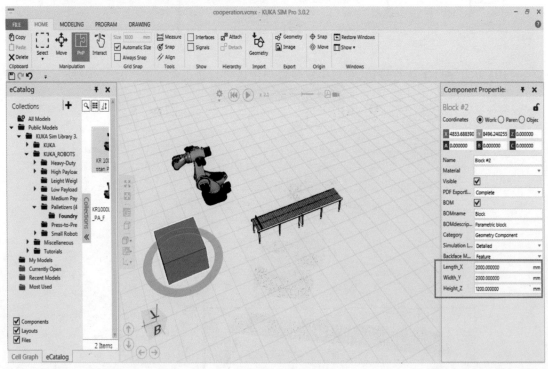

图 7.21　设置工作台属性

4.3.3 工具导入及其配置

（1）单击选择"Grippers"库中的吸盘工具（序号②）并加入场景中，如图7.22所示。

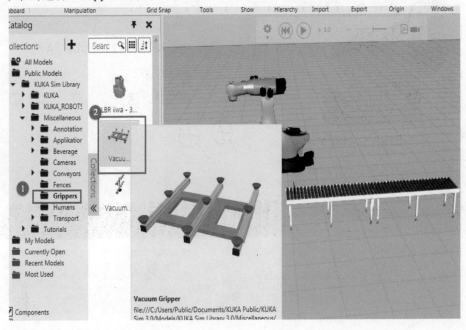

图 7.22 导入吸盘工具

（2）将工具安装到第六轴并在属性设置栏中对吸盘口直径、工具整体长度、宽度进行设置（序号②、③、④），具体数据如图7.23所示。

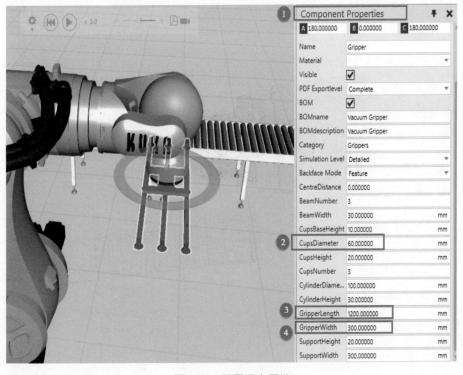

图 7.23 配置吸盘属性

（3）单击选定机器人，勾选"Signals"选项，即可将机器人与传送带信号显示出来，单击传送带信号展开按钮。按图7.24所示进行信号连接与编号，完成后取消"Signals"勾选将信号隐藏。

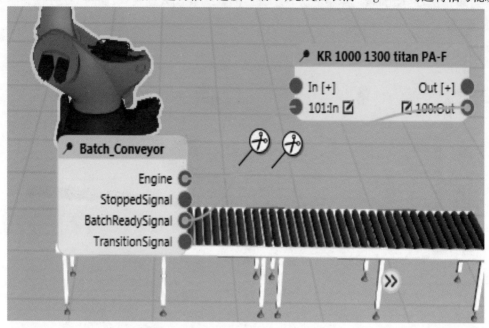

图 7.24　连接 IO 信号

（4）移动机器人和工作台靠近传送带至如图7.25所示位置。

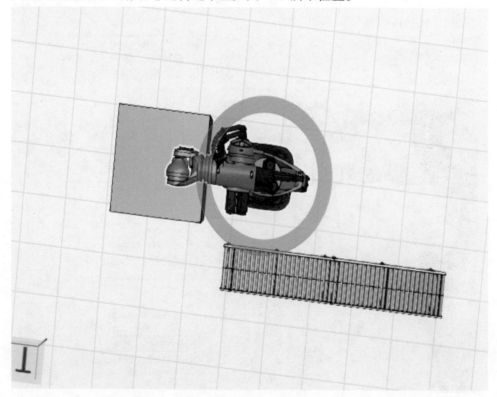

图 7.25　移动至安装位置

4.3.4 上料部分程序编辑

（1）依次选择"PROGRAM""Jog"，将工具栏"Tool"选择为"TOOL_DATA[1]"，单击序号④处的设置按钮，如图 7.26 所示。

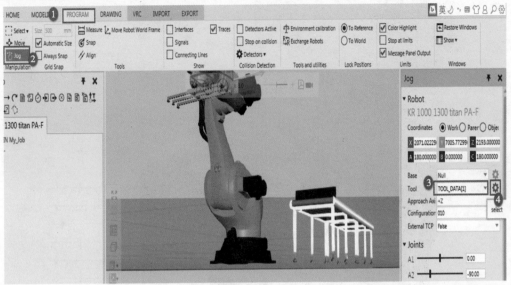

图 7.26 切换工具坐标系

（2）单击"Snap"，找到中间吸盘的中心位置，单击选定，单击序号②"Jog"选项，"TOOL_DATA[1]"设置完成，如图 7.27 所示。

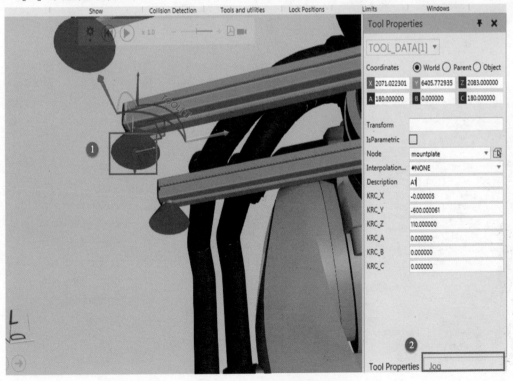

图 7.27 配置工具坐标系 1

（3）按照上述步骤，依次设置"TOOL_DATA[2]"和"TOOL_DATA[3]"，如图 7.28、图 7.29 所示。

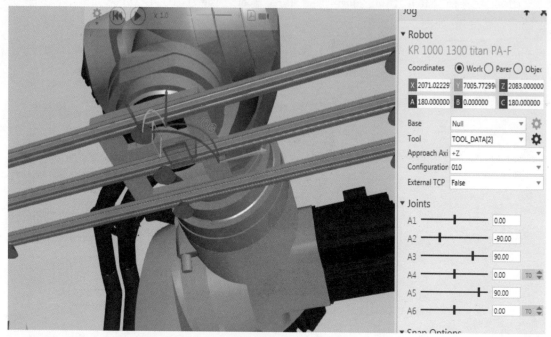

图 7.28　配置工具坐标系 2

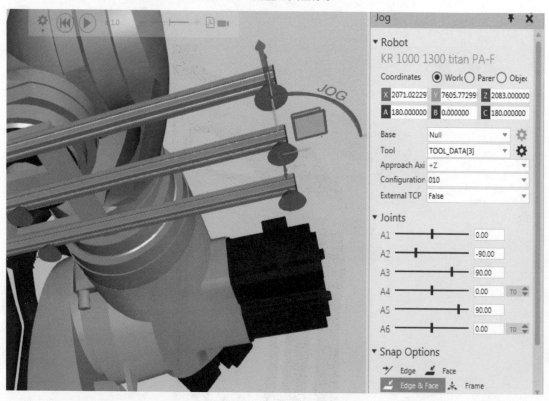

图 7.29　配置工具坐标系 3

（4）单击运行按钮，待第一组 3 个工件到位后再次单击运行按钮暂停工作站，如图 7.30 所示。

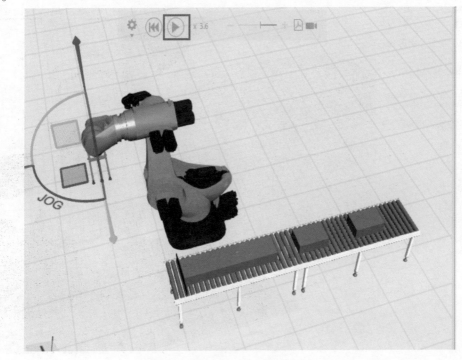

图 7.30 运行程序

（5）单击"Snap"左键选择第一个工件的中心点位置，添加"PTP"指令和输出信号指令，默认信号编号为 1 即可，然后添加接近点指令和输出信号指令，如图 7.31 所示。

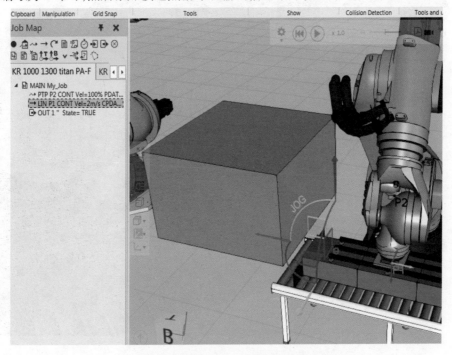

图 7.31 添加接近点指令和输出信号指令

（6）按照上述步骤，依次选取第二、第三个工件的中心位置，并添加对应指令，如图 7.32、图 7.33 所示。

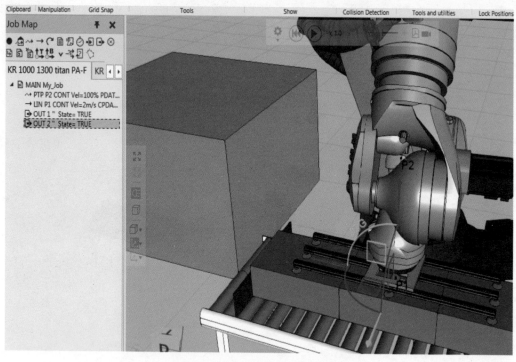

图 7.32 第二个工件坐标系输出

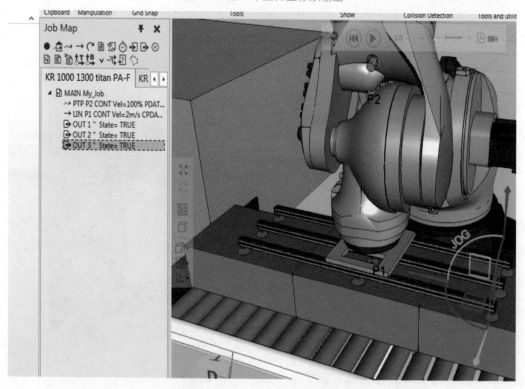

图 7.33 第三个工件坐标系输出

(7)复制第一条 PTP 指令,置于程序最后并于图 7.34 所示位置加入 IO 信号指令。

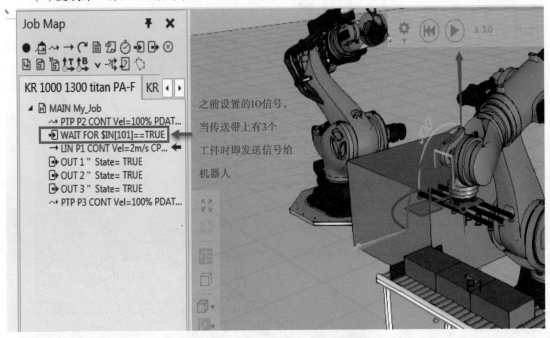

图 7.34 添加传送带工件到位信号

(8)单击运行按钮,待最后一条指令运行完成后再次单击暂停,如图 7.35 所示。

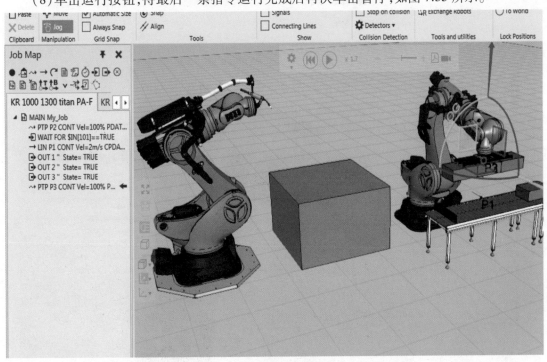

图 7.35 运行程序

(9)将当前工具坐标系切换为第二工具坐标系,单击"Snap"选定工作台上中心点。单击添加至此点的直线运动指令,如图 7.36 所示。

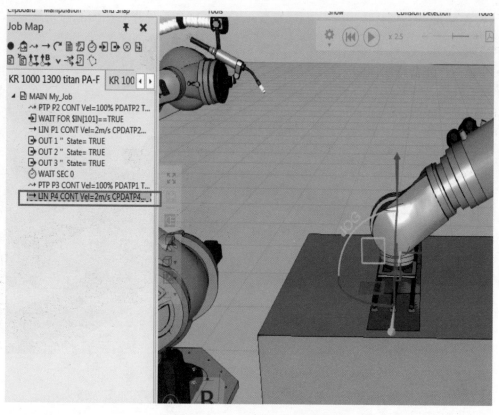

图 7.36　添加直线运动指令

（10）在此点基础上将 Z 轴数值加上工件高度，如图 7.37 所示。

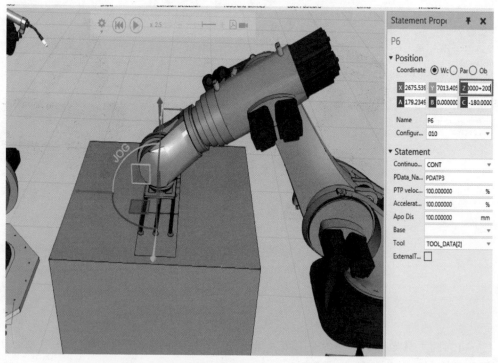

图 7.37　修改位置为放置点

（11）单击重新示教放置点（P4），然后添加放置工件逻辑信号和接近点指令，如图7.38所示。

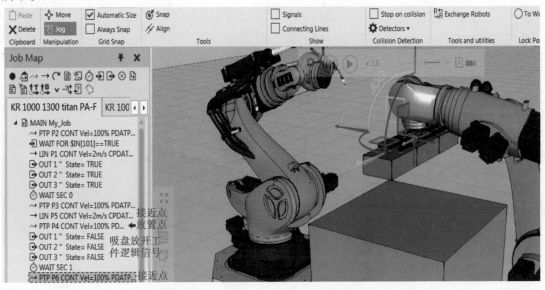

图7.38　添加接近点和放置工件程序

（12）为了避免在双机协作时机器人发生干涉碰撞，可单击添加"Home"指令，然后将搬运机器人姿势调整至如图7.39所示，并将"Home"点示教更新。

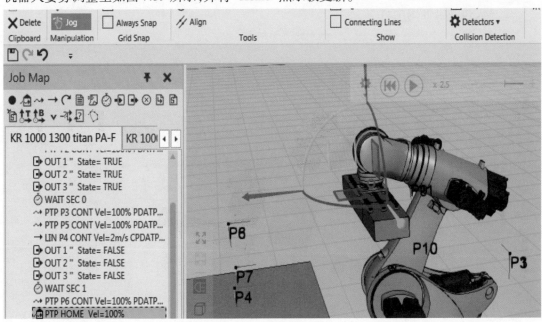

图7.39　设置"Home"点

4.3.5　导入焊接机器人及相关外围设备

①重置工作站状态，添加型号为"KR 1000 titan"的机器人、箱子模型和进入场景中，如图7.40所示。

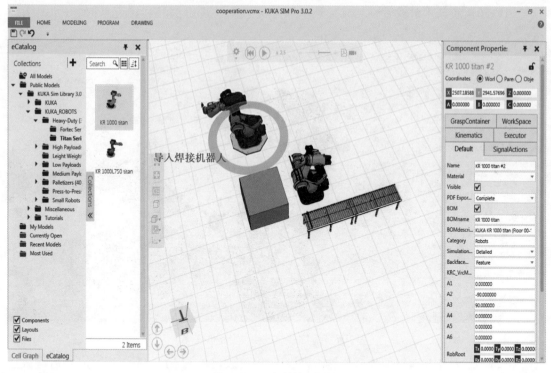

图 7.40　导入焊接机器人

②导入传送带如图 7.41 所示。

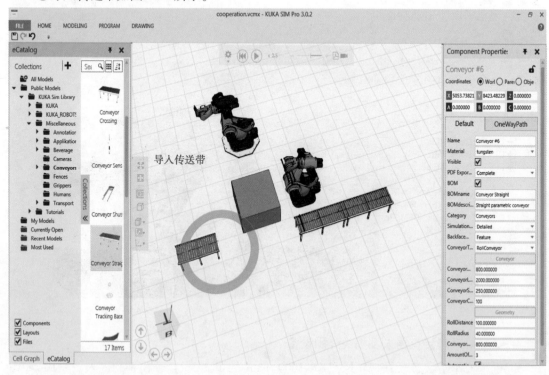

图 7.41　导入传送带

③导入焊枪工具如图 7.42 所示。

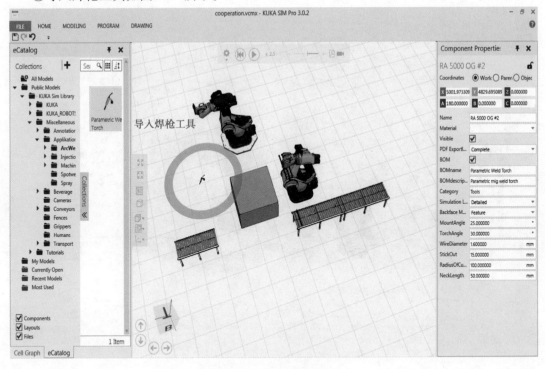

图 7.42　导入焊枪工具

4.3.6　模型配置及安装

①将机器人调整至如图 7.43 所示位置。

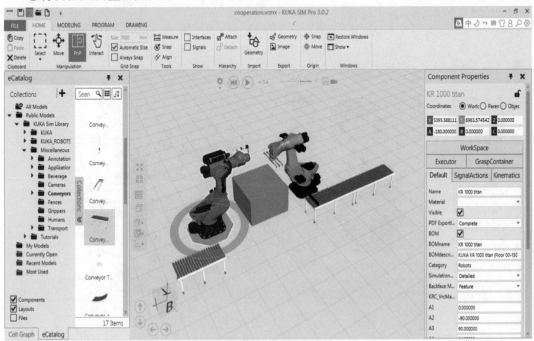

图 7.43　调整位置

②设置传送带参数并放置在如图 7.44 所示位置。

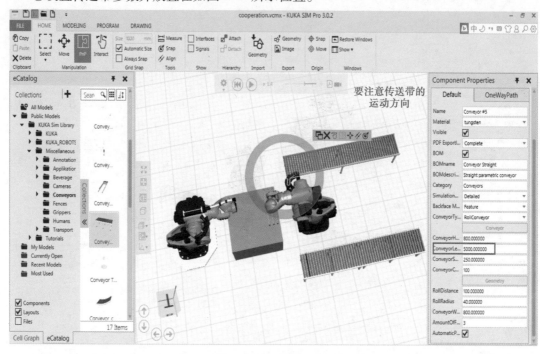

图 7.44　设置传送带参数

③将焊枪工具模型导入场景并装在左侧焊接机器人上，如图 7.45 所示。

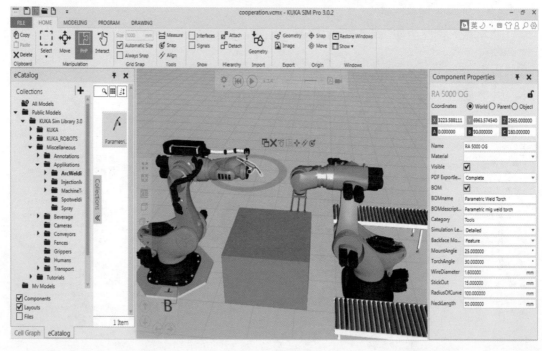

图 7.45　安装焊枪

④将焊枪中焊丝中心配置为工具坐标系 4，如图 7.46 所示。

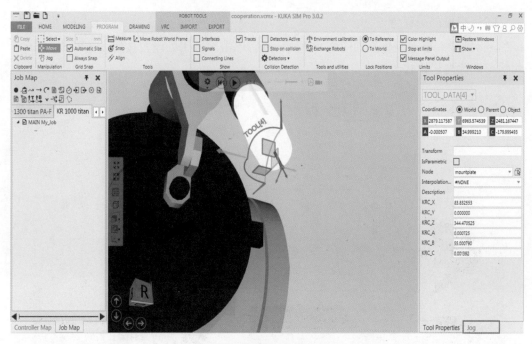

图 7.46　新建工具坐标系 4

⑤单击展开信号窗口,按图 7.47 所示建立搬运机器人与焊接机器人之间的信号连接。

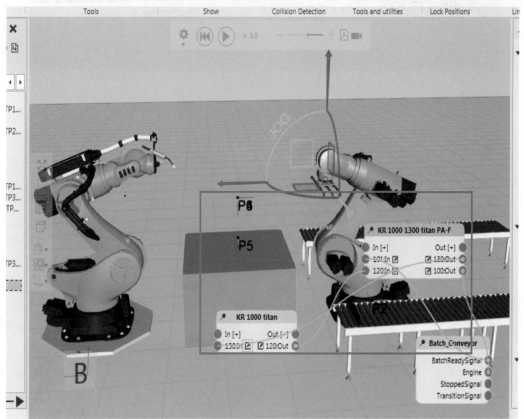

图 7.47　建立 IO 连接

187

4.3.7　焊接部分程序

（1）将机器人姿态调整至如图 7.48 所示，然后单击序号①处设置按钮，选择"Save State"，将此状态设置为初始状态。

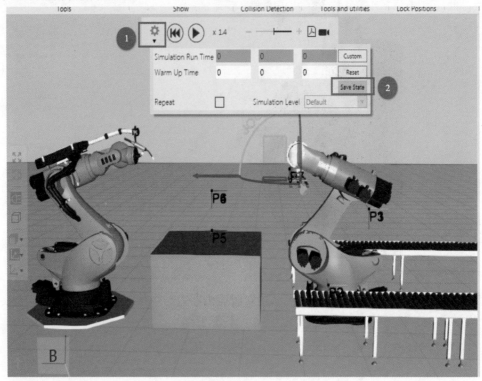

图 7.48　设置初始状态

（2）单击输出信号按钮，根据之前的信号设置输入信号编号，如图 7.49 所示。

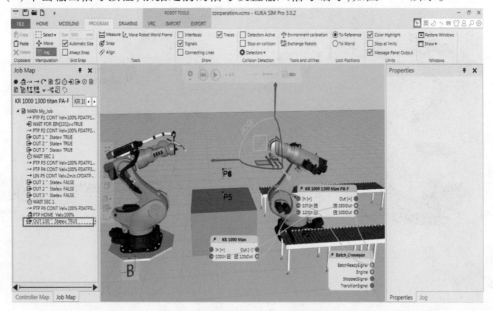

图 7.49　添加输出信号

（3）单击运行按钮，搬运机器人程序运行完以后再次单击暂停。单击序号②处焊接机器人程序，如图7.50所示。

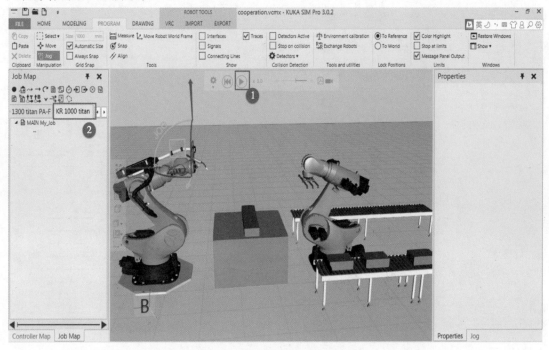

图7.50　切换成焊接机器人程序

（4）单击输出信号按钮，根据之前的信号设置输入信号编号，如图7.51所示。

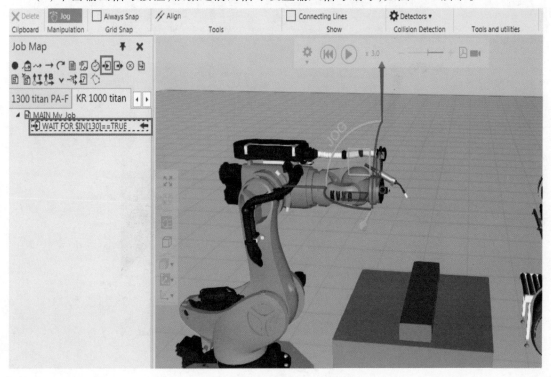

图7.51　添加等待信号指令

（5）将当前工具坐标系设置为第四工具坐标系"TOOL_DATA[4]"，单击"Snap"，如图 7.52 所示。

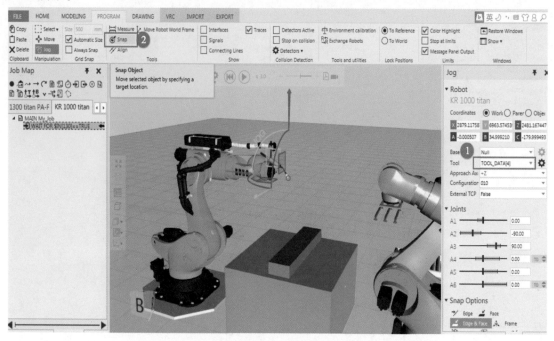

图 7.52　选取焊接第一点

（6）左键选择工件的一个角点，如图 7.53 所示。

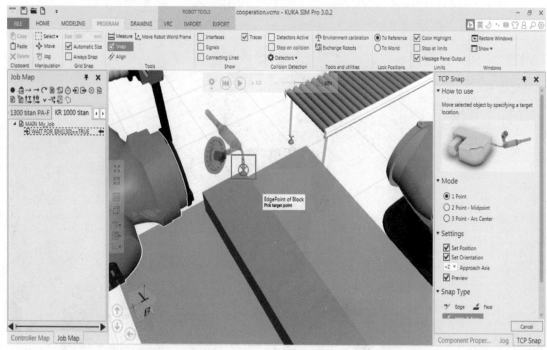

图 7.53　选取焊接第一点

（7）单击"LIN"指令，记录该点并添加至此点的指令，如图 7.54 所示。

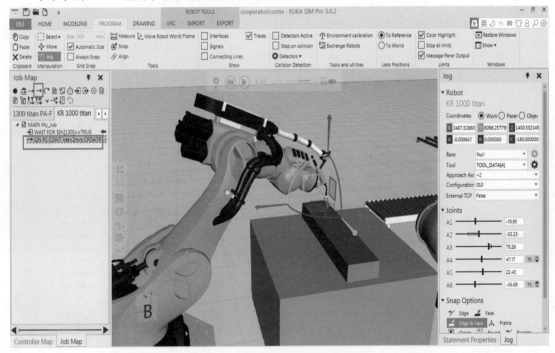

图 7.54 添加到此点的直线运动指令

（8）拖动 Z 轴使 TCP 往上提起至图 7.55 所示位置。

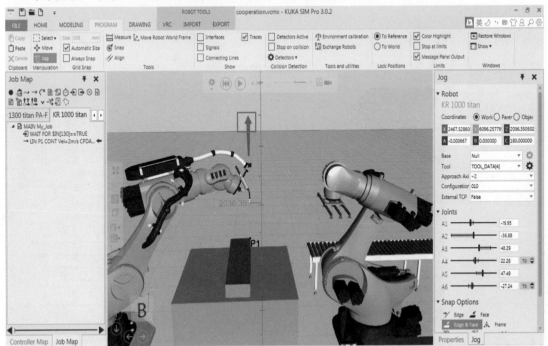

图 7.55 提起 TCP

（9）单击"PTP"指令按钮，记录并添加至此点的指令，添加完成后用鼠标将指令拖动至

P1 点指令前,如图 7.56 所示。

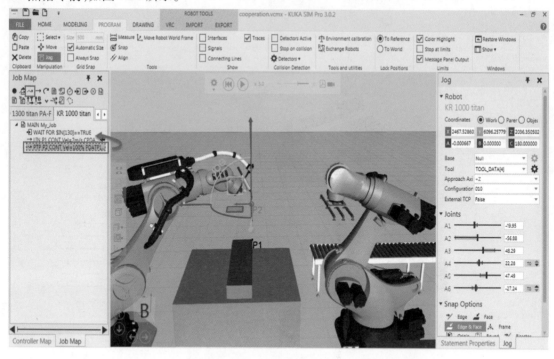

图 7.56　添加接近点指令

(10)按照同样的步骤,用"Snap"功能编写工件其余 3 个角点的程序,如图 7.57、图 7.58、图 7.59 所示。

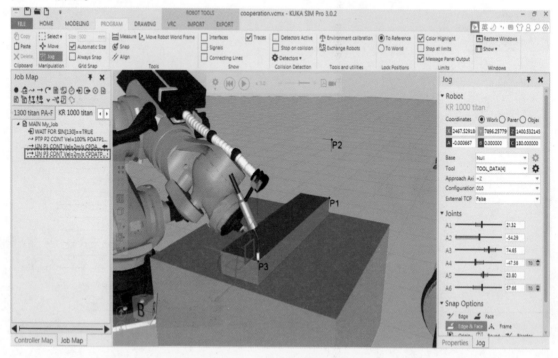

图 7.57　添加第二角点指令

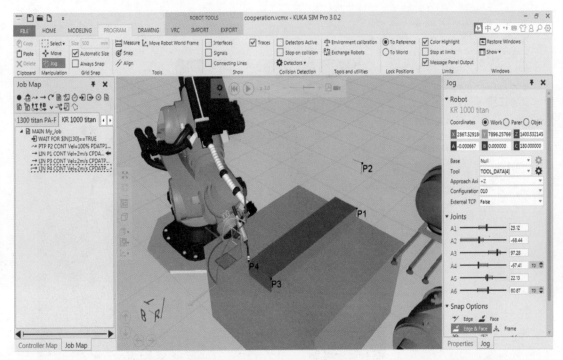

图 7.58　添加第三角点指令

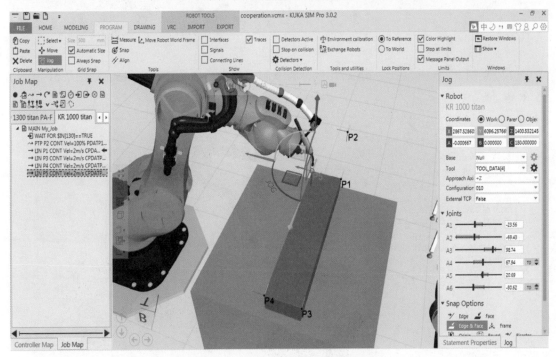

图 7.59　添加第四角点指令

（11）复制 P1 点（焊接第一点）指令，用鼠标将复制出的指令拖动至程序最后，如图 7.60所示。

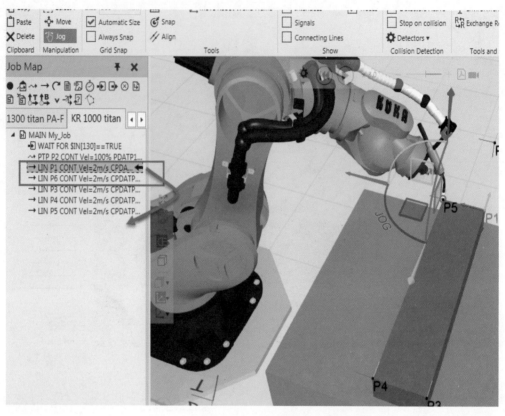

图 7.60　复制接近点

（12）复制 P2 点（接近点）指令，用鼠标将复制出的指令拖动至程序最后，如图 7.61 所示。

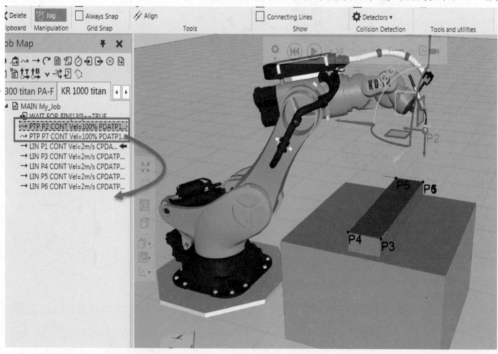

图 7.61　拖动接近点指令

（13）单击序号①处的按钮添加回到"Home"点指令，单击序号③处的按钮使机器人回到初始状态，选定序号②处的回到"Home"点指令，单击序号④处的示教按钮将"Home"点的位置更新为初始位置，如图 7.62 所示。

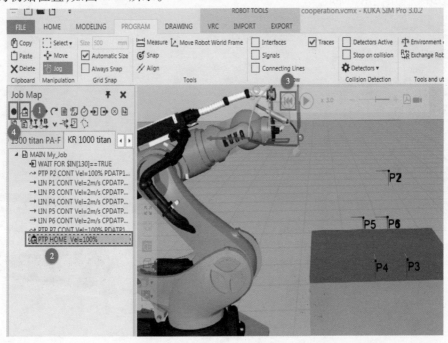

图 7.62　添加 "Home" 点

（14）根据之前设定的编号，填写单击添加输出 IO 信号，如图 7.63 所示。

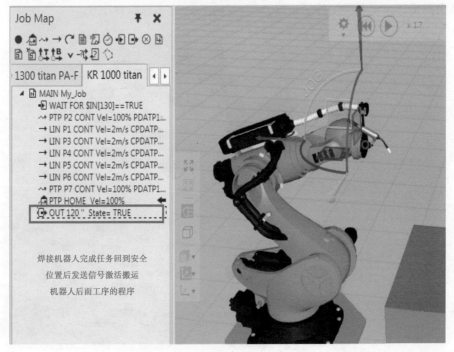

图 7.63　输出到达安全位置信号

4.3.8 下料部分程序

（1）单击序号①处的回到搬运机器人程序，单击添加等待信号指令，根据之前设定的 IO 信号填写编号，如图 7.64 所示。

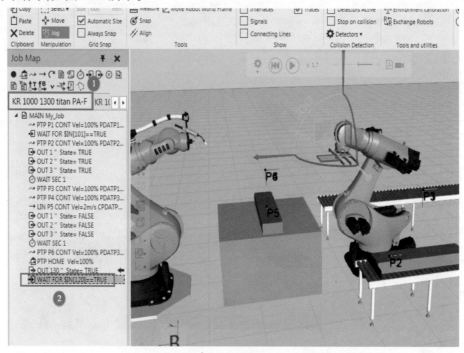

图 7.64　添加等待信号

（2）仿照传送带上抓取工件的程序，编写如图 7.65 所示抓取程序。

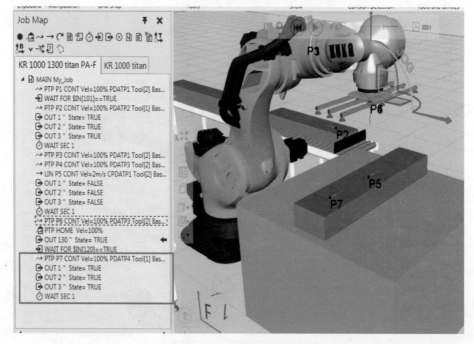

图 7.65　添加抓取程序

复制 P6 点指令，并将复制出的指令移动至程序最后，如图 7.66 所示。

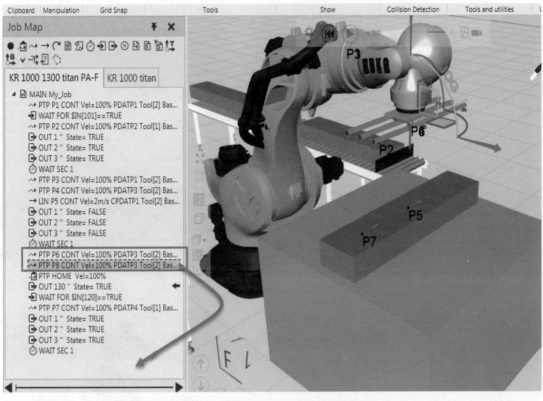

图 7.66　复制接近点指令并拖动

（3）单击"Snap""1 Point"，勾选取消序号③"Set Orientation"，单击选择传送带上适当位置的滚筒中点，如图 7.67 所示。

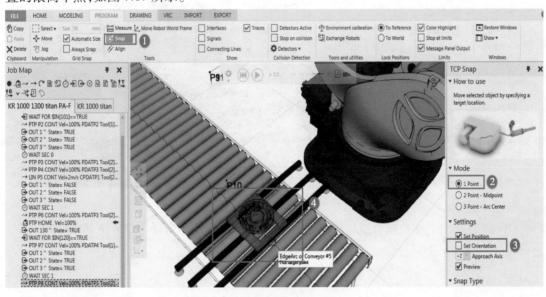

图 7.67　选取放置点

（4）调整角度和距离，并添加放置点（P9）的直线运动指令，在该点的 Z 轴数值栏加上工件高度"200"，单击确定修改位置，最后右键点击示教按钮进行保存，如图 7.68 所示。

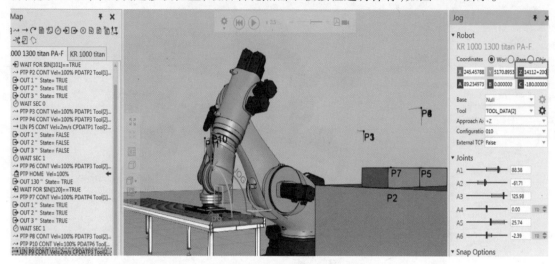

图 7.68　修改放置点位置

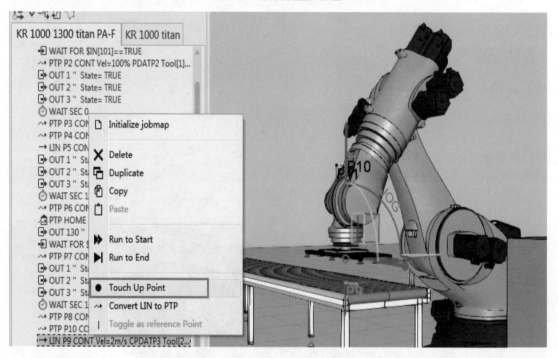

图 7.69　示教修改后的放置点位置

（5）将 TCP 向上拖动至合适位置后（接近点 P10）添加 PTP 运动指令并拖动到 P9 点指令之前，如图 7.70 所示。

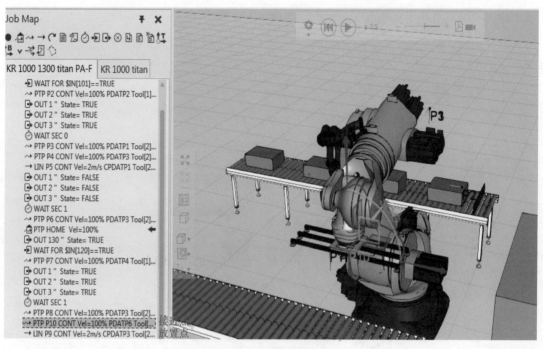

图 7.70 添加接近点指令

（6）添加逻辑信号指令和时间等待指令，并复制接近点（P10）添加在后面，最后添加"回到 Home"点指令，全部程序编写完成，如图 7.71 所示。

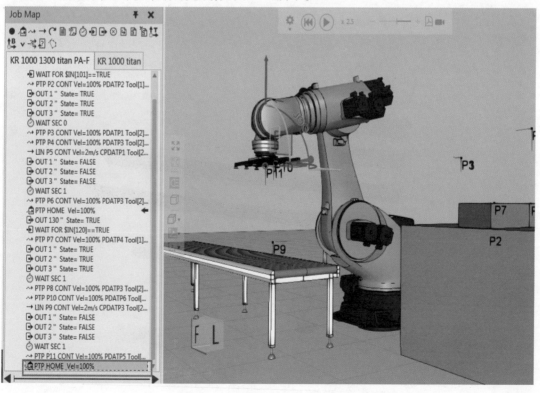

图 7.71 添加回到"Home"点指令

4.3.9 添加其他外围设备

①找到栅栏模型,添加 4 个固定栅栏和一个门栅栏,如图 7.72 所示。

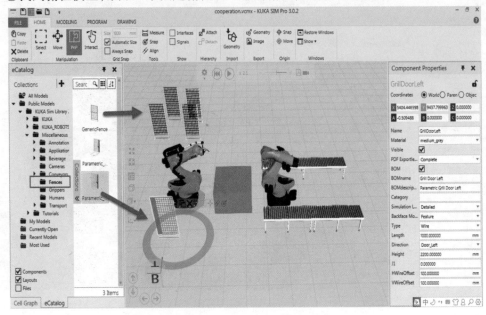

图 7.72　导入栅栏模型

②按如图 7.73 所示进行参数设置。

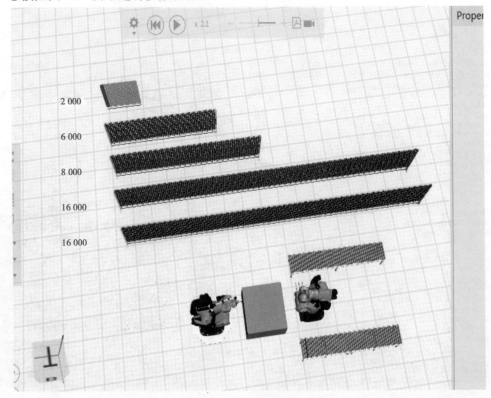

图 7.73　属性配置

③栅栏安装如图 7.74 所示。

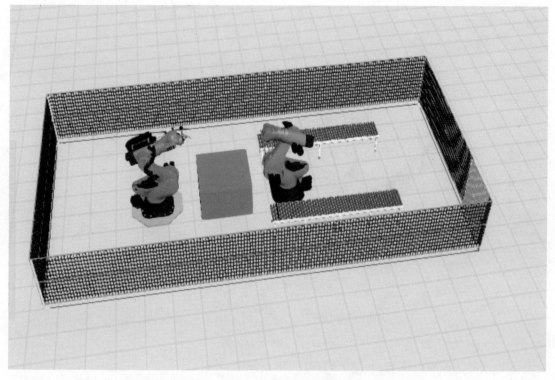

图 7.74　安装栅栏

④在栅栏属性中对栅栏颜色进行设置,如图 7.75 所示。

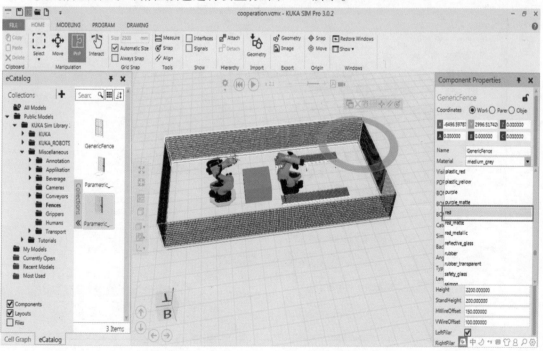

图 7.75　设置栅栏颜色

颜色配置完成后如图 7.76 所示。

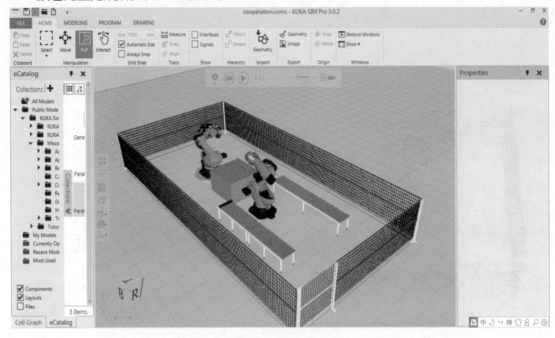

图 7.76　颜色配置完成

⑤导入外部控制台模型，如图 7.77、图 7.78 所示。

图 7.77　导入外部控制台 1

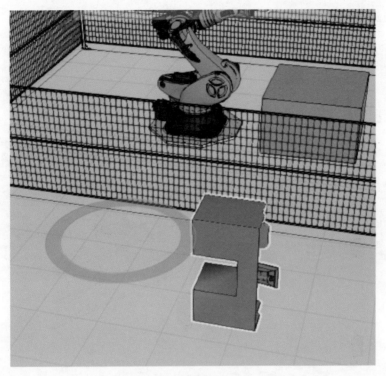

图 7.78　导入外部控制台 2

⑥模型配置安装。重设原点并安装如图 7.79 所示。

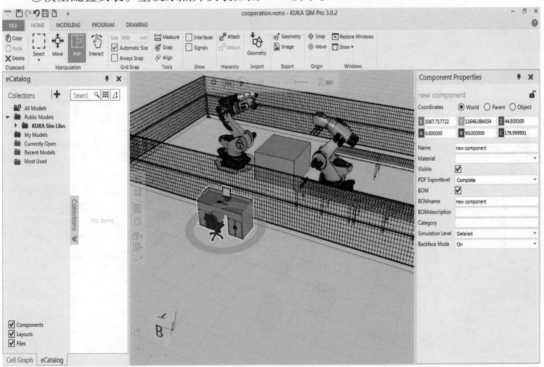

图 7.79　重设原点并安装

⑦导入控制柜与人物模型。添加控制器如图 7.80 所示。

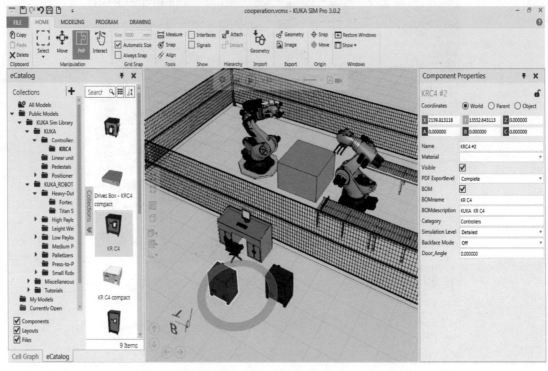

图 7.80　添加控制器

添加人物模型如图 7.81 所示。

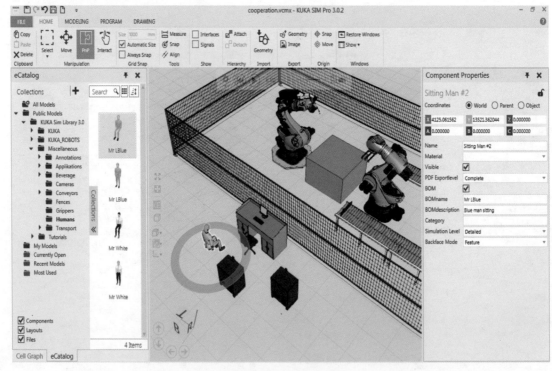

图 7.81　添加人物模型

⑧配置并安装模型,如图 7.82 所示。

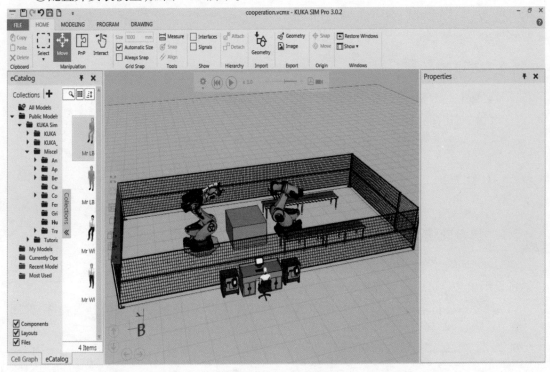

图 7.82　配置并安装

4.4　检查

在完成任务的前提下,参照表 7.1,反思实施的过程中需要掌握的知识点有哪些,是否达到了合格标准? 总结在完成项目过程中遇到的问题并找出最后解决的方法,帮助加深记忆和总结经验。

表 7.1　要点检查

编号	需要掌握的知识点	合格标准
1	模型配置的技巧和方法	能熟练进行模型原点重设和角度变化
2	吸盘工具坐标系设置	能熟练设置多工件吸取的吸盘工具坐标系
3	块模型精确放置的方法	能熟练运用 Snap 工具和参数修改技巧
4	双机协作信号交互	能根据工作内容对两台机器人的信号进行配置和连接

4.5　评估

本项目是一个综合性较强的项目,对各知识点的掌握情况要求较高。项目中涉及大量模型的导入、配置和安装问题。除此之外,两台机器人的工作站也是学生首次接触,其信号连接等方面的练习更是对基础知识的全面复习和提高。项目中还涉及焊接功能,也是学生必须要学的工序之一。综合评估本项目,可行性较高,可以让学生有一个较为综合的练习,有利于学生对软件全方面掌握。

4.6 讨论

1.本项目中的编程方式是不是最合理的? 双机协作的效率还可以怎样提高?

2.项目规划初期应该考虑哪些方面?

3.本项目实施步骤是否还有改进的空间,以使整体项目仿真效率提升?

5 知识拓展

5.1 焊接轨迹显示

在制作焊接工作仿真时,当需要更好地体现焊接轨迹时,用户可以进行相应的设置使焊接轨迹显示出来且可以配置成特定的颜色。

(1)打开本项目工作站,单击"PROGRAM"来到程序页面,切换至焊接机器人程序,如图7.83所示。

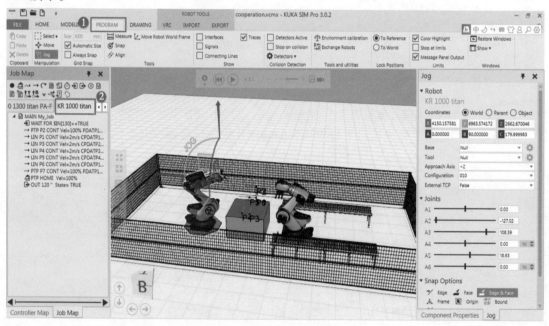

图 7.83 切换至焊接机器人程序

(2)找到焊接路径程序语句,找到焊接路径所用坐标系,如图7.84 所示。

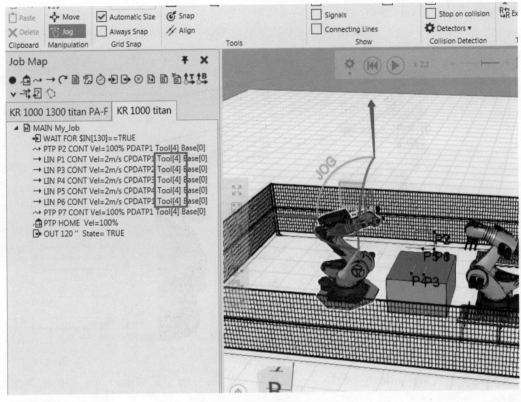

图 7.84　找到焊接坐标系

（3）单击序号①进行设置，单击序号②处下拉箭头打开信号动作选项，选择输出信号编号为 17，如图 7.85 所示。

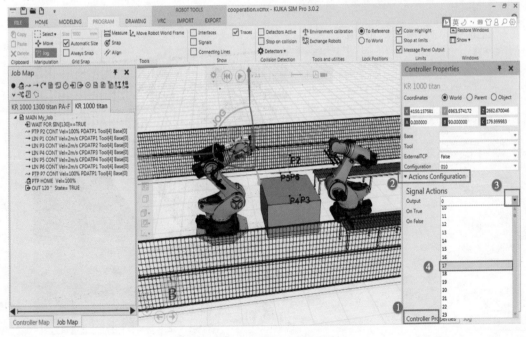

图 7.85　设置工具坐标系属性

（4）在序号①"轨迹跟踪开启所用工具坐标系"、序号③"轨迹跟踪关闭所用坐标系"处选择轨迹规划路径程序所用的工具坐标系，在序号②"轨迹颜色"处选择"blue"，如图 7.86 所示。

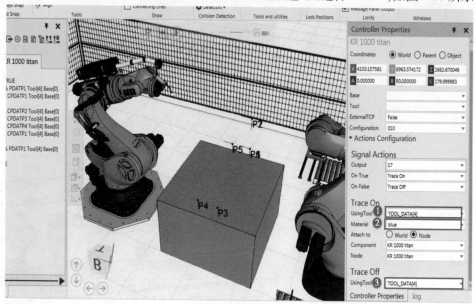

图 7.86　选择轨迹颜色

（5）在机器人到达焊接轨迹的第一点和最后一点后，分别加入图中红色框中的两条信号输出程序，如图 7.87 所示。

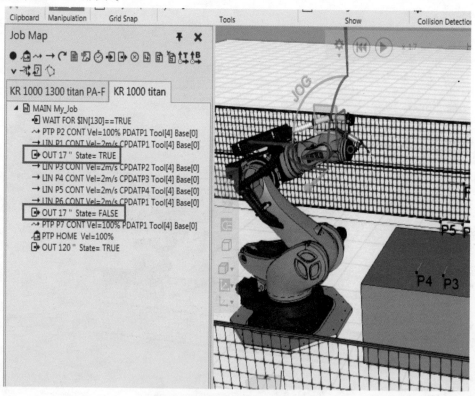

图 7.87　添加轨迹颜色出现 IO 信号

（6）单击运行按钮运行程序，观察焊接轨迹是否符合要求，如图7.88所示。

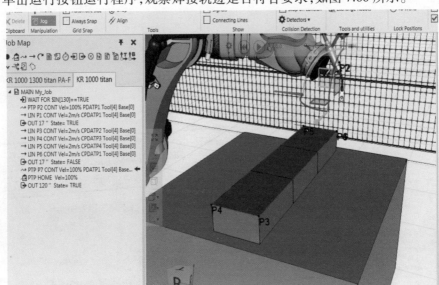

图7.88　运行程序观察路径

5.2　程序循环

在实际生产中，机器人的工作往往是循环动作，所以用户在仿真过程中也可以考虑实际情况，将仿真工作制作成循环工作模式。

如本项目工作站，如想将双机协作的工程改进成为循环工作，需要对程序进行相应更改。

（1）在搬运程序中分别新建"上料程序"和"下料程序"子程序，如图7.89所示。

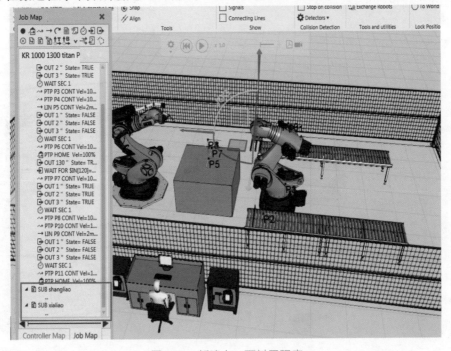

图7.89　新建上、下料子程序

（2）将上料过程中的指令和下料过程中的指令分别拖曳到相应的子程序中，如图7.90、图7.91所示。

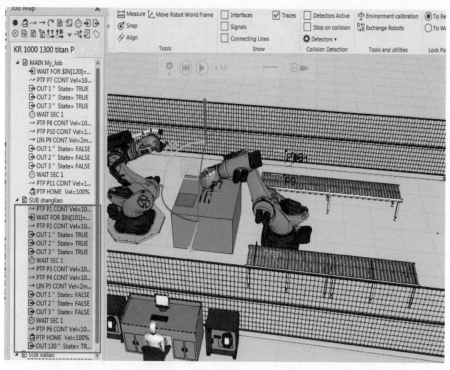

图 7.90　将上料指令拖曳到子程序中

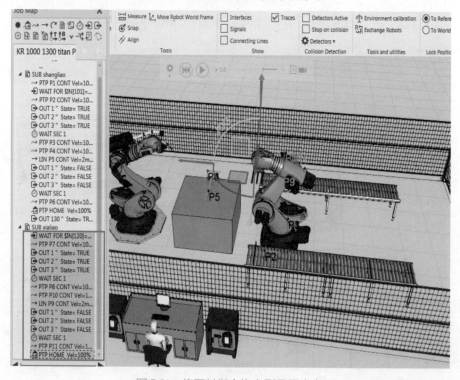

图 7.91　将下料指令拖曳到子程序中

（3）在主程序中加入"WHILE"循环指令，如图 7.92 所示。

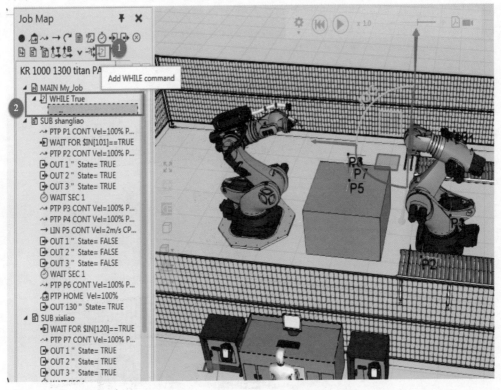

图 7.92　加入"WHILE"循环指令

（4）在循环指令中调用上、下料子程序，如图 7.93 所示。

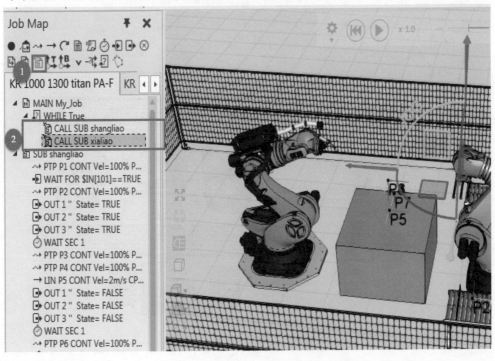

图 7.93　调用上、下料子程序

（5）由于上料程序中最后一条指令是输出触发焊接程序的信号且无回置指令，因此当焊接程序更改为循环指令后，将会使焊接机器人做无停顿循环焊接指令，即造成了工序错误。所以用户要在输出触发信号后再添加一条将触发信号置为 0 的指令，如图 7.94 所示。

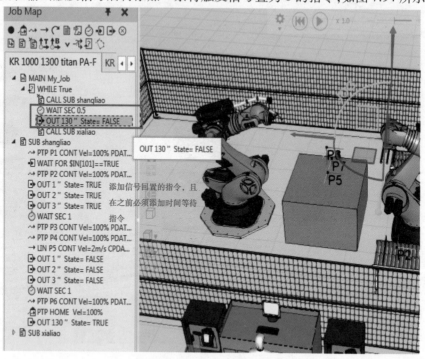

图 7.94　添加 IO 信号回置指令

（6）按上述步骤对焊接程序进行同样的更改，如图 7.95 所示。

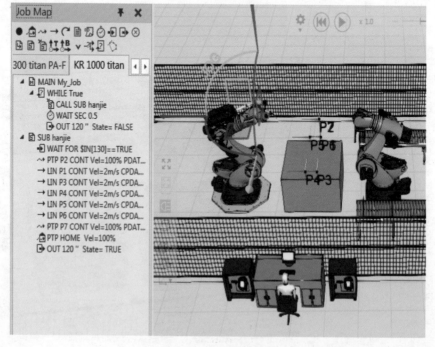

图 7.95　修改焊接程序

（7）程序更改完成后即程序循环更改成功,试运行观察工作站是否进入循环工作,如图7.96所示。

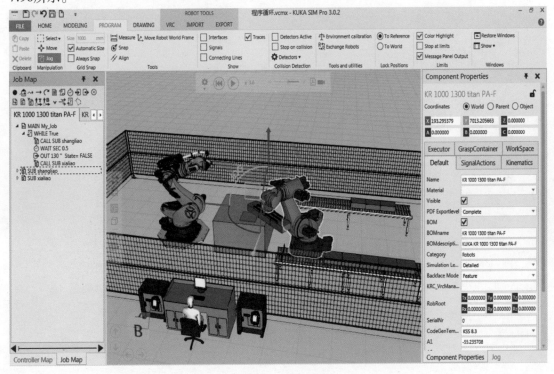

图 7.96 运行程序

参考文献

［1］叶晖.工业机器人工程应用虚拟仿真教程［M］.北京:机械工业出版社,2014.

［2］叶晖,管小清.工业机器人实操与应用技巧［M］.北京:机械工业出版社,2010.

［3］汪励,陈小艳.工业机器人工作站系统集成［M］.北京:机械工业出版社,2014.